U0873387

自制力

邱开杰◎编著

中国纺织出版社有限公司

内 容 提 要

一个人要追求成功和幸福，就需要有较强的自制力。自制力也是一个人性格坚强与否的重要标志。可以说，没有自制力就没有竞争力！

本书从心理学的角度出发，给出了全面增强自制力的有效方法，进而帮你战胜拖延症、驱除坏习惯、学会时间管理及情绪掌控等。相信阅读完本书，你的自制能力、意志力、效率都将得到进一步的锻炼和优化。

图书在版编目（CIP）数据

自制力 / 邱开杰编著. --北京：中国纺织出版社有限公司，2020.4

ISBN 978-7-5180-7068-8

Ⅰ.①自… Ⅱ.①邱… Ⅲ.①自我控制—通俗读物 Ⅳ.①B842.6-49

中国版本图书馆CIP数据核字（2019）第296809号

责任编辑：闫 星　　责任校对：王蕙莹　　责任印制：储志伟

中国纺织出版社有限公司出版发行

地址：北京市朝阳区百子湾东里A407号楼　邮政编码：100124

销售电话：010-67004422　传真：010-87155801

http：//www.c-textilep.com

中国纺织出版社天猫旗舰店

官方微博http：//weibo.com/2119887771

三河市宏盛印务有限公司印刷　各地新华书店经销

2020年4月第1版第1次印刷

开本：880×1230　1/32　印张：6

字数：163千字　定价：39.80元

前言

生活中的人们，你是否有这样的感触，年少时我们都曾怀揣梦想，都曾有万丈豪情，都曾许下诺言，要成就一番事业，我们也知道，成功需要付出比别人更多的努力，需要克服困难、迎难而上，然而，我们的人生真的过成了自己想要的样子了吗？

现在的你，是否躲在格子间里享受着安逸却又无趣的生活，是否已经搁浅了你的梦想，是否抱怨着人生的不公平？你可能会发出感叹：道理我都懂，为什么就是过不好人生！其实，一切都是因为自制力不足。

那么，什么是自制力呢？所谓自制力，指一个人对自身的冲动、感情、欲望施加控制的能力。自制力是一个人成熟度的体现。没有自制力，就没有好的习惯。自控力属于自制力的范畴，一个人的自制力如何，直接关系他的健康与否、人际关系好坏乃至事业成败。日常生活中，我们都应该学会掌控各个方面，包括吃什么、做什么、说什么、买什么。

美国心理学协会称，美国人认为缺乏意志力是完成目标的最大绊脚石。很多人因为没有做到很好地自控而陷入深深的愧疚之中。另外，就连那些自制力很强的人也觉得，他们偶尔也会被那些罪恶的想法、情绪和欲望控制着，他们也觉得掌控自己的生活是件艰难的事。为此，人们不禁发出感叹：道理我都懂，为什么就是做不到呢？生活真的需要如此艰难吗？

其实，要做到自制，我们必须要先做到有自知之明。认识到自己的意志力存在问题，是增强自制力的关键。

本书从心理学的角度出发，帮助人们找到自己自制力方面的欠缺之处，并提出了全新的解决方法。读完这本书，你并不一定会成为一个时时能自控的“圣人”，但至少你能对自己的行为有更好的理解，你能客观地看待自己，并能很好地运用本书中提出的自制的方法，如此，你的自制力必定会有所增强。

编著者

2019年11月

目录

第 1 章

自制力与意志力：你为什么总遭遇失败

人生在世，我们每个人都渴望有一番作为，但事实上，并不是所有人都取得了最后的成功，很多人感叹，为什么就是过不好人生呢？其中原因之一就在于缺乏自制力。我们可以说，那些最有力量的人是能掌控自己的人，掌控自己才能掌控自己的人生，一个缺乏自制力的人如果妄谈成功，那就像盲人在谈论颜色。而所谓自制力，即自我控制。指一个人对自身的冲动、感情、欲望施加的控制。其实学会自制并不难，我们只要学会控制自己的心，因为自制力本身由心而来，只要我们遇到事情时多想想要不要去做，后果会怎样，相信我们就一定能控制自己的言行。

认识意志力的定义与重要性

在心理学中，心理学家经常提到这样一个概念：意志力，那么，什么是意志力呢？

所谓意志力，指的是一个人自觉地确定目的，并根据目的来支配、调节自己的行动，克服各种困难，从而实现目的的品质。

罗伊斯这样说："从某种意义上说，意志力通常是指我们全部的精神生活，而正是这种精神生活在引导着我们行为的方方面面。"可以说，意志力是一种良好的品质，能带给我们力量，意志力能让人的生理和心理服从于自己。

的确，大凡那些成功者，无不是遵从了意志力，而反过来，一些人总是与失败为伍，很大原因也是意志力不足，要么抵挡不住诱惑，要么在困难面前退缩了。可见，我们每一个人，都应该认识到意志力对于人生发展的重要性。只有坚决地约束自己、战胜自己，最终才能战胜困难，取得成功。

在世界财富史上，美国的保罗·盖蒂是一个大家耳熟能详的人，他坐拥巨额的财富，但是我们可能不知道，他曾经也是一个和意志力抗争的人。

在他年轻时，他曾爱好抽烟，一次出门在外，时间已经晚了，他在一所小旅馆住下来。

这天，他的烟抽完了，但是越没有烟，他越是想抽，他翻遍了所有口袋，都没有找到烟。被烟瘾折磨了一会儿后，他决定出去买。于是，他穿上了衣服，准备出门，外面在下雨，于是他拿了把伞。

但就是拉开门的那一刹那，他突然停住了。他问自己：我这是在干什么?

盖蒂站在门口想，一个应该算得上相当成功的商人，竟然在半夜要冒雨、走几条街去买一盒烟? 没多会儿，盖蒂下定了决心，把那个空烟盒揉成一团扔进了纸篓，脱下衣服换上睡衣回到了床上，带着一种解脱甚至是胜利的感觉，几分钟就进入了梦乡。

从此以后，保罗·盖蒂再也没有拿过香烟，当然，他的事业也越做越大，后来，他成为世界顶尖富豪之一。

这里，我们看到了一个真正的强者，他懂得约束自己的行为，懂得为自己的所作所为负责，这就是意志力，这样的人必当能在人生道路上把握好自己的命运，不会为得失越轨翻车。

那么，我们该如何增强自己的意志力呢? 对此，我们不妨从以下几个方面训练自己：

1. 自我调适

当自己学了一会儿就感到静不下心时，闭上眼睛，调整呼吸，然后有意识地把自己学习一段时间后产生的厌倦情绪忘掉，暗示自己其实是马上要学习，然后做出奋斗的表情开始继续学习。

2. 静下心来，多分析结果

当你不受意志力控制的时候，你不妨也和故事中的保罗·盖蒂一样，让自己的心静下来，多分析一下自己如果这样的结果是什么，如果自己能遵循意志力指引又会有怎样的益处。比如，你可以问自己：如果多花些时间学习，会取得什么样的结果；如果贪玩，把时间花在上网、玩游戏、吃喝玩乐上，又会有什么样的结果。

关于这些问题的比较，其实你可以列一个表，清晰地填下现在忍耐吃苦的话，将来会获得什么快乐；现在就急于求乐的话，将来会承受什么痛苦。比较之下，你就能看到事情的不同面和不同结果，自然也就知道现下的自己该做什么了。

3. 战胜困难，困难可以磨砺人的意志

经历苦难是一种痛苦，因为苦难常常会使人走投无路，寸步难行，使人失去生活的乐趣甚至生存的希望。但有过苦难体验的人，都不会忘记在生活泥潭里奋力挣扎的情景。当你战胜苦难之后，那些由苦难带来的痛苦往往也会变为千金难买的人生财富。

4. 坚持再坚持

拥有坚韧和耐心，坚定必胜的信念，勇敢地与困难拼搏，就一定能有所成就。胜利只属于坚持到最后的人。成功的人之所以能够成功，是由于他们有着坚韧不拔的毅力，更重要的是能够把失败化作无形的动力，从而最终反败为胜。

5. 养成习惯，持之以恒

比如，你可以给自己划定一个比较容易拿得出的固定时间，规定在这个固定时间内只能做哪些事情。例如，每天晚上十一点（睡觉前），喝一杯牛奶，这是很容易做到的，你的头脑会渐渐地变得愿意执行任务。在习惯之后，你再逐步加入一些难度大的任务，当一切形成习惯之后，自制力也就随之形成了。

另外，超强的意志力的获得不是一蹴而就的，需要我们在日常生活中不断“修心”，只有训练出自制的心，才能有效地控制自身，才能驾驭自我，最终驾驭自己的人生。

没有自制力，会逐步丢失信心

我们都知道，自信是对自己的高度肯定，是成功的基石，是一种发自内心的强烈信念。相反，如果一个人总是自我怀疑，认为自己这不行那不行，那么，久而久之，他便真的不行了。事实上，自我怀疑也是人们缺乏自制力的一个重要表现。

我们发现，在那些自制力不足的人口中，似乎经常有这样一些口头禅，“这件事我肯定做不了”“我不想被嘲笑”“太难了，我无力应对”。这些声音是消极的，而正是因为这些消极的声音，让人们懈怠于手头的工作，因为他们本能地想逃避失败和挫折给自己带来的伤害。其实，我们都知道这样一个道理，一切成功者都是自信的，而自我怀疑也只能将自己推入失败者和平庸者的行列。这些平庸者和失败者总是给自己设限，他们认为自己在规定时间内做不到，他们不敢挑战更大的目标，他们不敢参与人际竞争，对于别人的成功，他们也只能自怨自艾，一旦出现挫折，他们也很难走出来。相反，一个人有了自信后，就会积极向上，就会比别人更有执行力、更有耐挫力，他遇到问题时也更有勇气面对，而正是这种力量指引着他不断走向成功。

一位音乐系的学生走进练习室。在钢琴上，摆着一份全新的乐谱。

“太难了……”他翻着乐谱，喃喃自语，感觉自己对弹奏钢琴的信心似乎跌到谷底，消靡殆尽。已经3个月了！自从跟了这位新的教导教授之后，不知道为什么教授要以这种方式整人。勉强打起精神。他开始用自己的十指奋战、奋战、奋战……琴音盖住了教室外面教授走来的脚步声。

指导教授是个极其有名的音乐大师。授课的第一天，他给自己的新学生一份乐谱。“试试看吧！”他说。乐谱的难度颇高，学生弹得生涩僵滞、错误百出。“还不成熟，回去好好练习！”教授在下课时，如此叮嘱学生。

学生练习了一个星期，第二周上课时正准备让教授验收，没想到教授又给他一份难度更高的乐谱，“试试看吧！”上星期的课教授也没提。学生再次挣扎于更高难度的技巧挑战。

第三周，更难的乐谱又出现了。相同的情形持续着，学生每次在课堂上都被一份新的乐谱所困扰，然后把它带回去练习，接着再回到课堂上，重新面临两倍难度的乐谱，却怎么样都追不上进度，一点也没有因为上周练习而有驾轻就熟的感觉，学生感到越来越不安、沮丧和气馁。

教授走进练习室，学生再也忍不住了。他必须问清楚这三个月来钢琴大师为何不断地折磨自己。

教授没开口，他抽出最早的那份乐谱，交给了学生。“弹奏吧！”他以坚定的目光望着学生。

不可思议的事情发生了，连学生自己都惊讶万分，他居然可以将这首曲子弹奏得如此美妙、如此精湛！教授又让学生试了第二堂课的乐谱，学生依然呈现出超高水准的表现……演奏结束后，学生怔怔地望着老师，说不出话来。

“如果，我任由你表现最擅长的部分，可能你还在练习最早的那份乐谱，就不会有现在这样的程度……”钢琴大师缓缓地说。

从这个故事中，我们发现，我们原以为自己只习惯在自己熟悉的领域表现自己的能力并驾轻就熟，而事实上，如果我们自信一点，并能将那些压力转化为动力，那么，我们便能挖掘出无限的潜力，甚至可以超水平发挥！

可见，一个人要增强自制力的第一步，也就是破除自我怀疑，建立信心。那么，我们该如何破除自我怀疑呢？

1. 综合评价自己，接纳自己

一个人要对自己进行综合、中肯的评价，包括自己的品质、性格、能力和才华等方面，方可在生活中获得较为满意的结果。除此之外，我们要接纳自己，不要因为自己有短处就妄自菲薄，如果认为自己处处不如人，看不到自己的价值，那么就会产生自卑心理。

2. 鼓励自己，给自己打气

这是获得自信的最佳方法之一。也许现在的你从事的这件事难度很大，压力也很大，会产生自我怀疑，甚至想过放弃，但是你必须要给自己打气，告诉自己要坚持下去，最终，你会看到成果。

3. 摒除那些消极的习惯用语

这些消极的习惯用语一般有：

“我好累！”

“我好迷茫！”

“我想放弃了！”

……

相反，我们可以这样说来激励自己：

“今天忙了一天，现在心情真轻松！”

“上帝，考验我吧！”

“我要攻克这个难关。”

“我就不信自己做不成！”

4. 敢于挑战高难度，相信自己的潜力

一个自信的人，常看到事情的光明面，他到哪里都光彩夺目。所以，即使现在的你依然只是一名普通的员工，你也要相信自己，拥有这样的信念，你才勇于接受更好的挑战，无论你做什么，你都能有优秀的表现，都能挖掘出你意识不到的潜力。

的确，人的潜力是无穷的，如果你对自己有足够的信心，你就会发现自己原来拥有这样的潜力，原来自己可以做到许多事情，如果你想有个辉煌的人生，那就把自己扮演成你心里所想的那个人，让一个积极向上的自我意象时时伴随着自己。

了解自控力失败的原因，从源头上防控

我们都知道，一个能战胜自己的人是无敌的。通常，我们遇到的最强大的对手往往不是别人，而是自己。我们要想参与激烈的竞争，并在竞争中取胜，就必须首先做到自控，一个有自控心的人能够不断克服陋习、完善自己，一个不能自控的人却会被自己的一个小缺陷轻易击败。人或强大或弱小，是由能否战胜自我而决定的。然而，并不是所有人都能控制自己的行为，这是因为，很多时候我们生活的周遭世界里，总是发生一

些事动摇我们的决心，让我们忘却了该如何作正确的决定，甚至做出错误的事来。

那么，自控力失败有哪些原因呢？对此，我们可以总结为两大类：

1. 抵挡不住诱惑

心理学家指出，当一个人面对诱惑时，他的头脑中会自动释放出一种叫作多巴胺的神经递质，它进入大脑后会控制注意力、动机和行动力的区域。

诚然，人都有欲望，这无可厚非，但是我们不能被欲望驱使，而应该掌控欲望，尤其是在物质财富极大丰富、文化多元的现代社会，我们如果不能控制欲望，那么，便很容易迷失自我。

在一家公司的面试场地，有很多位应聘者前来竞争司机的职位。经过激烈的角逐后，剩下三位技术精湛的司机。

随后，主考官问他们："悬崖边有块金子，你们开着车去拿，觉得能距离悬崖多近而又不至于掉落呢？"

"两米。"第一位说。

"半米。"第二位很有把握地说。

"我会尽量远离悬崖，越远越好。"第三位说。

结果第三位竞争者被留了下来。

可见，对于诱惑，你没有必要去和它较劲，而应离得越远越好。

2. 逃避危险

在危险逼近时，出于自我保护的本能，我们会本能地抵抗，比如，当别人拿棍棒击打你时，你会本能地挡住自己的头部，还有可能会自卫反击；当别人辱骂我们时，我们可能会反驳或者骂回去；当别人做了一些对我们不利的事时，我们会生气、愤怒……这些行为的初衷都是自我保护，但是否都是正确的呢？事实证明未必是，甚至有时候会让我们陷入情绪带来的恶性循环中。愤怒与生气以及其他一些负面情绪对于化解危险处境并没有益处，反而让我们陷入思绪混乱，此时，自制就尤为重要，我们应该学会把注意力和感知力集中在危险源和周边环境上而非自身或其他什么东西上。

曾经，某个军队的士兵抓到了一名来自敌军的高级间谍，但是士兵们无论如何拷问，对方就是不说话，他们认为这名间谍可能是哑巴，但也有可能是装聋作哑，那么，怎样试验出真相呢？

审判官盘问了一段时间后故意说：“好吧，看来我从你这里问不出任何东西，你可以走了。”

这名间谍何等聪明，他知道，这不过是敌军试探自己的一种方式罢了。因为一个人在获得自由的情况下，内心的喜悦往往是抑制不住的，如果他此时听到审判官的话后立即表现出愉快或者激动的情绪，那么，证明他听得到审判官的话，他就不打自招了。

因此，他依旧站在原地，表现出觉得审问还在进行的样子，最后，这名审判官认为他不是间谍。

就这样，有经验的间谍侥幸逃过了敌方的处罚。

看完这个故事，我们不得不惊叹，多么精明的间谍。此处，他之所以能保护自己的生命，就在于他拥有超强的自控力，假如他在获得自由的情况下没有抑制住内心的喜悦，那么，他势必会露出破绽而丧失存活的机会。

总的来说，我们要增强自己的意志力，就要从以上两方面入手，从“心”做起，你应该问自己的是“我的身体到底在做什么”，而不是“我到底在想什么”。当你得出正确的答案时，你也就能采取正确的行动了。

怎样锤炼自己坚韧的个性特征

“有志者，事竟成，破釜沉舟，百二秦关终属楚；苦心人，天不负，卧薪尝胆，三千越甲可吞吴。”这句励志名言告诉我们所有人，挫折与失败并不可怕，只要有勇气承担失败，然后从失败中站起来，即使屡战屡败，也要自强不息。而这种承担失败的奋起的勇气往往需要经历人生的磨炼方能获得，是否拥有钢铁般的意志，就要看你是否有积极乐观的心态。古之成大事者，不一定有超世之才，但必有坚韧不拔之志。

任何人要是怕苦，就不会成功，就不会搞好学习，遇到困难就后退，悲观地对待生活，这样很难适应未来社会的竞争。

家喻户晓的史蒂芬·威廉姆·霍金1942年出生于英格兰。

他在还不到20岁的时候就患上了一种不治之症——肌肉萎缩症，而且，随着时间的推移，他的自主活动能力越来越弱，而到最后他只能借助轮椅活动，并且，医生告诉他，他的下半生都极有可能离不开轮椅了。面对这样的打击，霍金并没有自暴自弃，而是继续学习和科研，一直以乐观的精神和顽强的毅力攀登着科学的高峰。

后来，霍金毕业于牛津大学，毕业以后，他长期从事宇宙基本定律的研究工作。他在所从事的研究领域中，取得了令世人瞩目与震惊的成就。

曾经，在一个学术报告上，一个女记者居然问及了一个令在场所有人都感到吃惊的问题："霍金先生，疾病已将您永远固定在轮椅上，您不认为命运对您太不公平了吗？"

这个问题，显然是最触及霍金的神经的，也是不好回答的，当时，现场鸦雀无声，没人知道霍金会怎么回答。

霍金听完这个问题后，缓缓地将自己的头靠在椅背上，然后微笑着，用自己唯一能动的手敲打着键盘，这时，屏幕上显示出这样一段话："我的手指还能活动，我的大脑还能思维；我有我终生追求的理想，我有我爱和爱我的亲人和朋友。"

顿时，报告厅里响起了长时间热烈的掌声，那是从人们心底迸发出的敬意和钦佩。

科学巨人霍金就是一位生活的强者，他再次向我们证明，即使你满身缺陷，你还有可以引以为豪的优点，这些优点一样可以让你自信。你不能改变那些外在的缺陷的时候，不要悲伤，也不要失望，而应该庆幸，那些成功的人并非完人，只是因为他们能始终微笑地面对。而实际上，没有人是毫无缺点的，问题在于这个缺点在你的内心的份额的大小，如果你将缺点无限制放大，那么，它将会腐蚀你的心，阻碍你的成功。如果你能正视那些缺点，并将缺点限制在一定的范围内，它就会成为努力和奋斗的催化剂，助你成长、成功。

人生不顺，但这种经历也是一种财富。生命中的每个挫折、每个伤痛、每个失败都自有它的意义，这对于每个人的成长都至关重要。具体来说，要训练自己坚强的个性，你需要做到：

1. 相信自己能独自解决问题

其实，从天生的性格特点来讲，从小人们就不能心安理得地接受挫折，也不喜欢接受他人的帮助。通常，我们明明知道自己力所不能及，感情上却不能够很快地接受，还是要坚持不断地尝试。长大后，你同样应该相信自己，相信自己的判断力，并且给自己足够的时间调整心态并找到解决的方法。

2. 学会摆脱困境

即使天性乐观的人也不可能事事称心如意，但他们大多能很快从失意中重新奋起，并把一时的沮丧丢在脑后。因此，你应该在成长期就逐渐培养自己独立面对困境的能力，若一时无法摆脱，你应该学会忍耐和随遇而安，或在困境中寻找另外的精神寄托，如参加运动、游戏、聊天等。

成功的人生往往是从卓越的目标开始的，但卓越的目标的背后肯定是充满荆棘和坎坷的路。如果想要通过这样一条路，就必须要经受得住荆棘的刺痛和坎坷的妨碍，而经受住这一切，就需要较强的忍耐力，这样追求成功的意志才会坚强起来。忍耐力是人生不可多得的财富，拥有了这笔财富，就没有什么困难不能克服，没有什么曲折可以把人击倒。

你的情绪自控力如何

生活中，我们每个人都有情绪，而且，情绪很复杂，每时每刻都在发生着变化，快乐、激动、悲伤、恐惧、愤怒、忌妒等，都可能随时影响我们的心境。心理学认为：情绪是指伴随着认知过程产生的对外界事物的态度，是对客观事物和主体需求之间关系的反映，包含情绪体验、情绪行为、情绪唤醒和对刺激物的认知等成分。

事实上，我们任何一个成人都要为自己的情绪负责，让负面情绪减少、正向情绪增加，从而不断增强运用情绪成事的能力。当然，控制情绪不是说没有情绪，而是努力去了解情绪背后的原因，了解你内心中真实的想法，进而转化情绪为你自己所需。

曾经，美国石油大王洛克菲勒遇到一件匪夷所思的事：

一天，他正在办公室办公，但此时，办公室的门被人强行推开了，进来一位中年陌生男子，他径直走到洛克菲勒的办公桌前，用拳头狠狠地击了一下桌子，然后火气十足地说："洛克菲勒，我恨你！我有绝对的理由恨你！"接着那个脾气火暴的莽汉恣意谩骂洛克菲勒达10分钟之久。

听到洛克菲勒办公室的动静，公司的人都来了，有管理者、秘书，还有员工，看到这样的情况，大家都很紧张，他们认为洛克菲勒一定会打电话叫保安进来处理，然后将这个粗鲁的家伙带出办公室。然而，洛克菲勒并没有那么做，无论对方说的话多么难听，他总是和颜悦色，一言不发，并且对方越暴躁，他就显得越和善！

最终，倒是这个暴躁的中年人被洛克菲勒的行为吓到了，然后平静下来，实际上，他就是故意来刁难洛克菲勒的，并且，他在打算攻击洛克菲勒前，已经作好了各种回击洛克菲勒的准备，但是，洛克菲勒就是不开口，这反而让他不知如何是好了。

最终，他又在洛克菲勒的桌子上猛敲了几下，仍然得不到回应，只得索然离去。洛克菲勒呢？就像根本没发生任何事一样，重新拿起笔，继续他的工作。

看完这则故事，我们不得不感慨，洛克菲勒确实是一个忍耐力极强的人。这里，面对莽汉的无理取闹，如果他以同样的态度报复，那么，情况就会更糟。

有这么一句流行语：好的情绪带你进天堂，坏的情绪带你住牢房，甚至会住进十八层地狱！要增强运用情绪的能力，就需要我们做到时时心存感激，不忘欣赏生活的美好，保持均衡的生活，让每一天都过得有意义。

因此，如果你拒绝生气，维持你对自己的控制，保持冷静和沉着，那么，就等于你已经掌控了整个局面。

可见，一个成熟的人应该有很强的情绪控制能力。无论遇到什么事情，哪怕是违背自己本意的事情，都得控制自己的情绪，不能有过激的言行。唯有如此，才能成就大事，从而实现自己的目标。

那么，我们如何增强自身的情绪掌控能力呢？以下是专家提的几点建议：

1. 要愿意观察自己的情绪

不要抗拒做这样的行动，以为那是浪费时间的事，要相信，了解自己的情绪是重要的领导能力之一。

2. 要愿意诚实地面对自己的情绪

每个人都可以有情绪，接受这样的事实才能了解内心真正的感觉，更合理地去处理正在发生的状况。

3. 问自己四个问题

我现在是什么情绪状态？假如是不良的情绪，原因是什么？这种情绪有什么消极后果？应该如何控制？

4. 给自己和别人应有的情绪空间

给自己和别人都停下来观察自己情绪的时间和空间，这样才不至于在冲动下作出不适当的决定。

5. 替自己找一个安静身心的法门

每个人都有不一样的方法使自己静心，都需要找到一个最适合自己的安心方式。

总之，一个善于管理情绪的人，更容易保持平静和愉快，即使遭遇低潮也会乐观地应对，能承担压力，成为自己生活的主宰。他们容易理解别人，能够建立和保持和谐的人际关系，即使与人产生矛盾，也能有气度地以建设性的方式解决。这样的能力，决定了一个人一生的幸福和成功。

第2章

你对自己严格，生活才会对你宽容

任何社会中的人，都存在强弱之分，但更普遍的是强者更强，弱者更弱，弱肉强食。为什么会这样呢？因为弱者很多时候并不是努力充实自己，让自己变强，而是放松懈怠，他们可能不明白，绝对的公平是不存在的，能力强才是硬道理，你对自己严格，生活才会对你宽容，功力都不想练，却想能够成为赢家，天下有这么好的美事吗？所以，我们需要记住的是，在如今竞争激烈的现代社会，我们无论如何也不要为自己找懈怠的理由，而应该勤奋努力，朝更高的目标奋进。

严格要求自己，成败的关键在于自制力

生活中，很多人想成功，但成功者在少数，原因有很多，其中最为显著的就是自制力的强弱，强者始终能严格要求自己、毫不懈怠地为梦想奋斗，如果你能追溯那些成功人士的奋斗之路，你就会感叹："难怪他会做得这么好！"相反，一些人之所以做了不该做的事，就是因为自制力不够，抵挡不住诱惑。可见，我们每一个人，都应该认识到自控心理对于人生发展的重要性。只有坚决地约束自己、战胜自己，最终才能战胜困难，取得成功。

在日本的丰田公司，员工的自我管理教育十分重要。

公司要求，员工要对自己的这些方面——如对工作的认识、建立价值观念、凡事有计划、培养实践能力、时间管理、不断学习、注意健康、克服工作上萎靡不振的情绪以及全神贯注地工作等等进行严格的管理，公司对此也抓得很紧。

有一篇文章反映了丰田公司推销员自我管理的真实情况，文中写道：

"我认为所谓的自我管理，首先就是苛求自己。我把一个星期的工作计划分为上午和下午两部分，把要走访的地方6

等分。星期一走访葛饰区立石路的1-100号街，星期二走访第101-200号街，星期三……这样一个星期结束以后，就转完了我所负责的整个地段。我把这种做法一直作为绝对的、至高无上的命令来执行。所谓硬闯和推销管理工作，都安排在每天下午去搞。上午专搞接洽生意或类似接洽生意的工作，从下午4点起，搞交谈、修车等工作。我的工作计划大体上就是如此，并坚决执行——这就是我的推销计划，也就是自己管自己。

“我工作的第一年，什么都要自己单打独斗，我需要一个人走访顾客，那个时候，我觉得特别难熬，但很多事也是那个时候想通的，我勉励自己，自己痛苦的时候别人也痛苦。说老实话，我想如果推销工作是一帆风顺的，那谁都能卖出去产品，自我管理也就不存在了，自己管自己这个问题之所以受到重视，是因为任何人都不能随心所欲地去做事情，因为时间太宝贵了，我们才必须严格要求自己、充分利用时间，当然，每个人都有情绪不佳的时候，如果我遇到这种情况一定在星期天去登山。当我一步一步地克服了前进中的困难而登到山巅时，那种激励的心情简直就和接受定货、交出汽车时的激动心情完全一样。”

从这两段话中，我们发现，这里，这位推销员的这句话十分在理：“我想如果推销工作是一帆风顺的，也就无所谓自己管理自己了。”的确，如果不存在打击与拒绝，那么，也就体会不到成功时的快乐，以这样的信念激励自己，能帮助我们增强自我约束的信心。

那么，我们该如何严格要求自己呢？

1. 严格地要求自己，磨炼你的毅力

能否严格考验自己是一个人的意志力的体现，当然，磨炼自己的意志并非一朝一夕就能做到的，需要你从小事、简单的事做起，并坚持下来。

2. 别总为自己找借口

例如，“时间还早”“现在做已经太迟了”“准备工作还没有做好”“这件事做完了又会给我其他的事”等，不一而足。

3. 坚持到最后，找到成就感

这样很容易让人对事情产生厌烦感。应该做到告一段落再继续，会给你带来一定的成就感，促使你对事情感兴趣。

4. 要端正态度，直面责任

积极高昂的态度能使你集中精力完成自己想要的东西。在工作中，应始终保持平常心态，在任何时候，工作和责任始终捆绑在一起，工作越好，责任越大，没有工作也就无所谓责任，要敢于负责。

总之，失去控制的人生最终会使你失败。唯有自制的人，才能有效地控制自身，把握好自我发展的主动权，驾驭自我。一个人除非能够控制自我，否则他将无法成功。

你不是迷茫，而是自制力不强

生活中的你，有没有过这种情况：

打开今天决定要看的书，看了两页，拍张照片，发了个朋友圈打卡，然后等待着点赞评论，再抽个时间回复评论，等待与渴望随着时间一点一点过去，直到该洗漱睡觉了，你才发现，那本书一直停留在第二页上。

想学英语，看看时间还早，看会儿电视剧吧。这个电视剧怎么拍的，情节都对不上啊，太无聊了，还是玩会儿游戏吧。游戏玩得差不多了，一看时间，半夜十二点了。算了，还是明天再学吧，反正也不差这一天。

正在减肥，却总是管不住自己的嘴，看到这家店要去尝一尝，看到那个好吃要买回来吃一吃，还不断地安慰自己，减肥不差这一顿。

于是，我们给自己找到了很多的借口，什么拖延症啊，懒癌晚期啊，人生得意须尽欢啊，五花八门，各式各样。这些借口也都说得过去，还附带着勇于自嘲的幽默感。

然后呢？

然后，我们一边会说着“哎，我也想改变啊”“我好迷茫无助，我好惆怅无奈”“我也不想这样的，我想做得更好但就是找不到方向”。再然后，我们仍然在原地踏步的位置，止步不前。你有没有透过这些表象去看看自己的内心？你为什么做不到？因为，你连最起码的自制力都没有。

自制力是什么？自制力，就是一个人控制自己思想感情和举止行为的能力。

你是学生，就要努力学习，考出好成绩；你是员工，就得全力以赴，做出好业绩。迷茫有时是懒惰的借口，你没有坚持过就说自己没办法，那是对自己的贬低。

因此，我们每个人，都应该摒弃迷茫的借口，找到自己的方向，制订出明确的目标，并为实现自己的目标而奋斗，这样才能成为你想成为的人。

小泽征尔是日本著名的作曲家，除了天分，他拥有更多的是勤奋。

日本作曲家武满彻曾经在小泽的寓所住过一段时间，目睹了大师的勤奋，他说："每天清晨四点钟，小泽屋里就亮起了灯，他开始读总谱。真没想到，他是如此用功。"原来，小泽从青年时代就养成晨读的习惯，一直坚持到今天。"我是世界上起床最早的人之一，当太阳升起的时候，我常常已经读了至少两个小时的总谱或书。"小泽这样说。

的确，伟大的成功和辛勤的劳动是成正比的，有一分劳动就有一分收获，日积月累，奇迹就可以创造出来。这是绝对的真理。只有勤奋工作才是最高尚的，才能给人带来真正的幸福和乐趣。勤奋是通往荣誉圣殿的必经之路。那么，小泽征尔为什么会如此用功？他是怎么养成勤奋学习的习惯的？可以说，他的动力来自他对音乐的热爱和追求。

因此，生活中的人们，如果你还在浑浑噩噩地生活着，还在感叹自己无法改掉某些恶习，那么，你不妨也为自己找个伟大的目标吧，具备强有力的信念，你就能找到前进的方向和动力。它能使得你摆脱空谈主义，能帮助你挖掘你身体的所有潜能，能帮助你克服很多阻力。

那么，我们应该如何增强自己的自制力呢？

首先，你要找到你有兴趣的事情。俗话说，兴趣是最好的老师，兴趣所在，便是动力所在，这有助于集中注意力的培养。

其次，重新唤醒自己的梦想。其实，在我们心中，都有一个属于自己的梦想，但出于各种原因，可能这些梦想会逐渐被磨灭。但你是否发现，正是因为你失去了梦想，你才会显得无力，没有热情，才会变得得过且过，任何人的潜能只有在具有一个伟大的动力的情况下，才会被最大限度地激发出来。因此，不要犹豫了，为理想奋斗吧，这样你的人生才会别样的精彩！

最后，你要让自己去坚持。比如，你要报考MBA，那你每天就要拿出一个小时甚至更多的时间来练习听力、口语、笔试试题，即使有些困难，也要坚持把这部分练习完。

我们都渴望成功，但成功并不是一蹴而就的，没有人能随随便便成功，成功者必须有良好的行为习惯和严谨的工作作风、勤奋的学习态度等，不付出努力，同时又想把蛋糕做大，这是不可能的。同时，反过来，成功的理念、梦想、使命感都能对我们的行为起到指引和约束作用，因此，我们有必要为自己树立一个伟大的行为目标，并制订一个可行的计划，这样，我们就获得了持久的动力。

要做富人，你就要有强烈的成功的愿望

生活中，我们每个人都渴望获得财富，然而，不少人认为，致富是富人的游戏，事实上，没有永远的穷人也没有永远的富人，你能成为怎样的人关键就看你想不想拼搏，想不想学习。从真正意义上说，富人与穷人的区别就在于此。曾经有人说："人们往往容易把原因归结于命运、运气，其实主要是因为愿望的大小、高度、深度、热度的差别而造成的。"可能你会觉得这未免太过绝对了，但事实上，这正体现了心态的重要性，废寝忘食地渴望、思考并不是那么简单的行为。要做富人，你就要有强烈的成功的愿望，并不知不觉地把它渗透到潜意识里去。

只有千锤百炼，才能成为好钢。我们完全可以摆脱曾经的消极想法，成为一个积极向上的人，培养自己的热忱，找到自己的目标，我们就能为现在的自己作一个准确的定位。现在一家外企做人力资源主管的乔治的一次经历，或许可以给我们一些启示：

我刚应聘到这家公司供职时，曾接受过一次别开生面的强

化训练。

那是在青岛的海滨度假村，我和同伴们沉浸在飘忽而又幽婉的轻音乐声里，指导老师发给每人一张16开的白纸和一枝圆珠笔。这时，主训师已在一面书写板上画了一个大大的心形图案，并在图案里面写上了3个字：我无法……

然后，要求每个成员在自己画好的心形图案里至少写出三句“我无法做到的……我无法实现的……我无法完成的……”，再反复大声地读给自己、读给周围的伙伴们听。

我很快写出三条：

我无法孝敬年迈的父母！

我无法实现梦寐以求的人生理想！

我无法兑现诸多美好愿望！

接着，我就大声地读了起来，越读越无奈，越读越悲哀，越读越迷茫……在已变得有些苍凉的音乐里，我竟倍感压抑和委屈，泪眼模糊起来。

就在这时，主训师却把写字板上的“我无法”改成了“我不要”，并要求每位成员把自己原来所有的“我无法”3个字划掉，全改成“我不要”，继续读。

于是，我又接着反复地读下去：

我不要孝敬年迈的父母！

我不要实现梦寐以求的人生理想！

我不要兑现诸多美好的愿望！

结果，越读越别扭，越读越不对劲儿，越读越感到自责和警醒……

在轰然响起的《命运交响曲》里，我终于觉悟到：我原来所谓的许多“我无法……”其实是自己“不要”啊！

而此时，主训师又把“我不要”改成了“我一定要”，同样要求每位成员把各自的所有“我不要”3个字划掉，全改成“我一定要”，继续读。

我一定要孝敬年迈的父母！

我一定要实现梦寐以求的人生理想！

我一定要兑现诸多美好愿望！

越读越起劲儿，越读越振奋，越读越有一种顿悟后的紧迫感……在悠然响起的激荡人心的歌曲里，我豪情满怀，忽然有一种天高路远跃跃欲试的感觉和欲望。

生活中的人们，尤其是年轻人，即便现在的你是穷人，也不能放弃致富的愿望，要知道，生活中最大的敌人不是别人，而是自身。一个人，如果总是意志消沉、消极怠慢，那么，即使曾经的他有再大的雄心和勇气，也会被抹杀，他最终也会滞足不前，一生碌碌无为。我们要为自己的人生负责，每天作好一点积累，才有可能触及财富与幸福。

具体来说，我们要做到：

1. 关注未来，不要满足于现状

独具慧眼的人，往往具备人们所说的野心，不会为了眼前的蝇头小利而放弃追求梦想的愿望，他们一般是用极有远见的目光关注未来。

2. 订立人生目标，早做个人理财规划

如果你是个刚进入社会的年轻人，对于未来，你要有清醒的认识，未来你要做的有买房、买车、结婚、生子、子女教育、个人进修、休闲旅游、退休等，每一件事情都是人生必须经历的阶段，都需要一笔不小的开支，为了确保这些目标在不同的人生阶段都能够顺利实现，必须及早规划个人资产，给自己提供一个稳定的未来预期。可以在金融理财师的指导下，建立科学的中长期目标，根据个人收入支出状况、增长比率及投资收益率等做一份个人综合理财规划，日常的财务收支紧紧围绕这一理财规划，以便在不同的人生阶段各个目标都能够顺利实现，无后顾之忧。

3. 作好致富知识积累

任何一条致富路，都是一门学问，是需要我们通过学习积累去获得的。以投资理财为例，事实上，也没有人天生会投资理财，大多数都要靠后天的学习去掌握。而学习投资知识的方法有很多。

首先，我们可以通过书本来获得知识，这是最基础、最可靠和扎实的方法。不过市场上的投资书籍五花八门，虽然有心想要读几本来学习掌握一点知识，但可能会不知道该从哪本开始读起，或者到底哪些才是有真材实料值得去研究的。

另外，全面的投资知识学习要从以下几个方面展开：储蓄、债券、基金、保险、股票、外汇、期货、信托、黄金、房地产、典当、收藏等。

爱默生告诫我们："人总归是要长大的。天地如此广阔，世界如此美好，等待你们的，不仅需要一对幻想的翅膀，更需要一双踏踏实实的脚！"任何人的成功都是点滴进步的积累。但反过来，任何思维和行为上的进步也需要梦想的指引，因此，从现在起，你只需树立一个正确的理念，并调动你所有的潜能并加以运用，便能带你脱离贫穷，步入富人的行列之中！

勤奋才是通往成功的唯一坦途

生活中，我们不少人尤其是年轻人都满腔抱负，希望可以一展拳脚，赚取财富，从某种程度上来说，财富积累的多少是其成功与否的标志之一。但现实告诉我们，必须要从最基础的工作做起。这对于心浮气躁的年轻人来说，无疑是更高层面的挑战，这需要强有力的自制力，的确，世界上的事情就是这样，成功需要勤奋，勤奋才是通往成功的唯一坦途。

有人问洛克菲勒："成功的秘诀是什么？"对此，他有两句座右铭，一句是"你要不是赢家你就是在自暴自弃"，一句是"勤奋出贵族"。

美国南北战争期间，有很多人和洛克菲勒一样投入到挖掘财富宝藏的大潮中，最后，洛克菲勒成功了，很多人失败了。机会都是平等的，那么为什么会产生不同的结果呢？“为什么我能抓住机会成为巨富，而很多人却与机会擦肩而过、不得不与贫困为伍呢？难道真的像诋毁我的人所说，是因为我贪得无厌吗？”

洛克菲勒说：“不！是勤奋！机会只留给勤奋的人！自我年少时，我就笃信一条成功法则：财富是意外之物，是勤奋工作的副产品。每个目标的实现都来自于勤奋的思考与勤奋的行动，实现财富梦想也依然如此。”

在后来对子女的教育过程中，洛克菲勒依然笃信这一信念，他曾经在给约翰的信中这样说，“约翰，我能取得巨额财富，不过是因为我比常人更努力。我原本就是个平常得不能再平常的人，我没有经济基础，但我以坚强的毅力、顽强的耕耘，孜孜以求，终于功成名就。”

刚刚参加工作的洛克菲勒就职于休伊特·塔特尔公司，那时他还是簿记员，但即便是最简单的工作，他也会完成得非常好，他也因此获得了老板的认可，他始终都记得老板当时对他的鼓励：“你一定会成功，以你这非凡的毅力。尽管我不明白将来会是什么样子，但有一点我相信，只要你用心去干一件事，你决不会失败。”

洛克菲勒是个从不停止奋斗的人，即使年逾古稀的他还拼杀于商海中，他相信只有奋斗才能让自己的生命不息。

的确，正如洛克菲勒说的，勤奋能修炼人的品质，更能培养人的能力。在这个无限变幻的世界中，没有永远的贵族，也没有永远的穷人。要想获得财富，唯一的、正确的方式就是勤奋。一切尊贵和荣誉都必须靠自己的创造去获取，这样的尊贵和荣誉才能长久。

然而，我们不难发现，在我们生活的这个社会，有很多富家子弟，他们生活骄奢淫逸、好逸恶劳、挥霍无度，以至虽在富裕的环境中长大，却不免在贫困中死去。也有一些满怀理想的年轻人，在为梦想奋斗的过程中，做不到一步一个脚印，无法每天朝目标迈一步，经常三分钟热度，做不到持之以恒。要知道，任何事情的成功都不是一蹴而就的，需要我们作出一点一滴的付出。小事成就大事，在每件小事上认真的人，做大事一定成绩卓越。可以说，洛克菲勒的成功，来自于他早年的愿望，更是坚持与努力的结果。

所以，任何一个年轻人，都要以洛克菲勒为榜样，要坚持不懈地专注于手上的工作，世界上许多伟大的事业都是由点点滴滴的细节小事汇集而成的。在细节上能够表现好的人，他在成功之路上一定会少许多漏洞。相反，如果一个人不能关注细节问题，往往会因小失大，自毁前程。完美的细节代表着永不懈怠的处世风格，也是一个人追求成功的资本。

要想在与人生风浪的搏击中完善自己、成就自己，享受成功的喜悦，赢得社会的尊敬，高歌人生，只能凭自己的双手去创造；要让他们知道，荣誉的桂冠只会戴在那些勇于探索者的头上；告诉他们，勤奋是为了自己，不是为了别人，自己是勤奋的最大受益者。

你说成功是属于别人的，因为你从未努力

现代社会，随着信息技术发展，网络上充斥着各种各样的语言，“你每天那么努力，也并没有很优秀”“没有梦想是咸鱼，有梦想顶多是一条有梦想的咸鱼”“丑小鸭变成白天鹅不是因为它努力，而是它的父母是白天鹅”之类的自嘲文风盛行，而对于这样的话，不少人却听进去了，他们总说成功是属于别人的，他们从不努力，他们说梦想遥不可及，他们也从未早起，他们从没有认真思考过成功是属于坚持、努力、不怕苦累的人。

的确，成功不会属于眼高手低的人，他们懒于改变，懒于起床，他们觉得冬天太冷，夏天太热，春天干燥，秋天有风，一年四季都不适合努力，只有被窝是良伴。

成功不会属于只想不做的人，脑中念了千百遍，第二天仍旧放不下能多一会儿是一会儿的睡眠，然后那些关于梦想的念头，就真的像是只在梦里出现过一样，甩甩头，一切也就作罢了。

自嘲是一件幽默而有自知之明的事情，可人不能一辈子活在自嘲之中，它还需要你一往无前的勇气。早一点出发总是好的，早一点为自己想要的东西而努力，总是带着先见之明的，努力不一定有回报，不努力，就一定不会有回报。

不然，你也早起试试吧，说不定，你的梦想能够离你越来越近，说不定，你会提前得到自己想要的东西。

美国前总统威尔逊出身贫寒，当他还是个10岁的孩子时，他就不得不去当学徒工以赚取微薄的薪水，而这一做就是11年。这期间，每年他会去学校学习一个月，并且，无论多么忙，他都想尽办法读书和学习，11年的时间他读了1000本书，要知道，他是一个贫穷家庭的孩子，这是多么艰巨的任务啊！

从农场离开后，他又徒步去了100英里之外的马萨诸塞州的内蒂克去学习皮匠手艺。

在他度过了21岁生日的第一个月后，他就去到一处荒无人烟的森林，在那里从事砍伐工作，他每天都是日出就起床，然后一直努力工作到夜半，就这样，一个月以后，他获得了6美元的薪水。

穷且益坚，这样的生活，让威尔逊下决心，一定要找到发展自我、提升自我的机会。很少有人能像他一样深刻地理解闲暇时光的价值。他像抓住黄金一样紧紧地抓住了零星的时间，不让一分一秒无所作为地从指缝间白白流走。

12年之后，他在政界脱颖而出，进入了国会，开始了他的政治生涯。

威尔逊是任何一个美国人乃至世界人瞩目的对象，而他的成功，就是勤奋学习的结果。学习是助人向成功前进的营养元素。而当今社会，竞争的日益激烈告诉每个人，只有知识才能改变命运，只有学习才能突破自我，才能具备竞争力。

当然，真正的成功者并不只是因为做到了勤奋，还因为他们开动了大脑，在当今这个充满机遇的市场竞争环境下，考验的就是思维的灵活性，一个人只有发挥想象力，才能做出他人做不到成就，才能享用财富带来的快乐。

阿尔伯特·哈伯德在美国是个传奇式人物。

他出生于伊利诺州的布鲁明顿，哈伯德的父亲既是农场主又是乡村医生。哈伯德曾经供职于巴夫洛公司，工作任务是推销肥皂，但他并不喜欢这样的工作。1892年，哈伯德放弃了自己的事业进入了哈佛大学，随后，未完成学业的他又开始到英国徒步旅行，不久之后，哈伯德在伦敦遇到了威廉·莫瑞斯，并喜欢上了莫瑞斯的艺术与手工业出版社。

哈伯德回到美国后，他试图找到一家出版社来出版自己的那套名为《短暂的旅行》的自传体丛书，但是，并没有一家出版社愿意给他出这本书，所以他决定自行出版，并由此创建了罗依科罗斯特出版社。哈伯德的书出版之后，他成为了既高产又畅销的作家。

随着出版社规模的不断扩大，人们纷纷慕名而来拜访哈伯德，最初游客会在出版社的四周住宿，但随着人越来越多，周围的住宿设施已经无法容纳更多的人了，哈伯德特地盖了一座旅馆，在装修旅馆时，哈伯德让工人做了一种简单的直线型家具，而这种家具受到了游客们的喜欢，哈伯德开始了家具创造业。哈伯德公司的业务蒸蒸日上，同时，出版社出版了《菲士利人》和《兄弟》两份月刊，而随后《致加西亚的信》的出版使哈伯德的影响力达到了顶峰。

有人说，阿尔伯特·哈伯德的一生是无比传奇的一生，他之所以能在多方面都能获得成功，不仅因为他勤奋付出，还因为他有着与众不同的思维，他敢于尝试，善于发现他人不曾发现的商机。

在《致加西亚的信》中，阿尔伯特·哈伯德讲述了罗文送信的情节："美国总统将一封写给加西亚的信交给了罗文，罗文接过信以后，并没有问：'他在哪里？'而是立即出发。"拖沓、懒散的生活态度，对许多人来说已经是一种常态，要想成为罗文这样的人，我们就应该抛弃惰性，努力让自己变得勤勉起来。

总之，一个人成就的大小取决于他做事情的习惯，抛弃惰性是做事情的一个重要技巧。我们要想完成既定目标，取得成功，就应该培养勤勉的习惯。一旦养成了这个习惯，"完成目标，马上行动"就会成为一件自然而然的事情。

第3章

有规划的人生，幸福感会更强

我们都知道，战争中指挥作战的军事家，他们在战斗打响前，都会制订几套作战方案；企业家在产品投放市场前，也会制订好一系列的市场营销计划。同样，我们的人生也需要规划，有了计划和目标，我们的行动才有了指引。我们无论做什么都是如此，目标是实现最终成功的必由之路，否则，一切都是空谈，都是泡影，只有在清晰的目标的指引下，我们才能一步步朝着梦想迈进。

从现在开始，规划你的未来人生

我们先来假设一下，有两个年轻人，他们能力不相上下，也都一无所有，一个年轻人目标明确，积极向上，每天干劲十足，努力充实自己；另外一个年轻人，他目标模糊，满足于现状，每天浑浑噩噩、得过且过，想象一下，五年后，他们会有什么不同？

的确，尽管只是五年的时间，他们的差距已经显现出来了，前者通过自己的奋斗，已经小有财富，一直顺风顺水，事业越做越大、春风得意；而后者，稍微遇到一些问题，便慨叹自己解决不了，每天活在抱怨中，常常为生计、金钱而苦恼。

这两种人，你想做哪种？毫无疑问，当然是第一种！但前提是你要为自己找到一个准确的定位，而不是得过且过。

人生不能没有目标和规划，如果没有规划，你就会像一只黑夜中找不到灯塔的航船，在茫茫大海中迷失了方向，只能随波逐流，达不到岸边，甚至会触礁而毁。而在做任何一件事前，我们也都必须做好计划，计划是为实现目标而需要采取的方法、策略，只有目标，没有计划，往往会顾此失彼，或多费精力和时间。我们只有树立明确的目标，制订出详尽的计划，才能投入实际的行动，才能收获成就感和满足感。

当然，对于未来的规划，不仅需要我们对目前趋势作出合理预测，更需要联系自身优劣势以及信念和价值观，将所有的这些因素糅合在一起，所得出的才是一个全新的计划。

的确，我们在极为渴望某件东西或者某个目标的时候，实际上就是给自己设定了一个远景目标，而且，这种渴望越强烈，奋斗的动力也越充足，在这样的情况下，我们的大脑总是处于兴奋的状态，我们会思路清晰、精力充沛，对于手头事有热情，然后就能完成难以完成的任务，克服很难克服的困难，最终调动自己的潜能，实现最终的目标，实现梦想。

所以，接下来，你不妨找出你的人生目标。

你可以拿出一支笔、几张纸和一只表，你可以将时间限定在15分钟内。然后，你挑出一张纸，在纸的最上端写下问题，我的人生目标到底是什么？当然，这里的目标，在不同的人生阶段是不同的，所以你可以把人生目标看成自己当前看待人生的方式和视角。

接下来，你可以花上两分钟的时间列出所有的答案，比如，谈一场恋爱、去攀登珠穆朗玛峰、环游世界等，当然，你也可以列出一些在别人看来是幻想的事，毕竟，人有目标和梦想总是好事，你也不需要为这些想法负责，不过，你同时应该写下一些具体的目标，如为家庭、社会能作出什么贡献，在经济和精神层面的目标等。

然后你可以多给自己两分钟，对刚才列出的清单进行必要的修改，达到让自己感到满意的水平。

如果仔细反省一下现在的生活模式，你或许能增添一两条内容，比如说，你在工作之外还有大把的业余时间，如果拿来为自己充电的话，是不是对未来的职业前景更有帮助？如果你有阅读报纸的习惯，那说明你希望了解时事信息，并希望从中找到乐趣……

诚然，我们应该肯定远景规划的重要意义，但这并不代表我们应该固守目标、一成不变，很多专家为那些求学的人提出建议，要不断调整自己的目标。也许你一直向往清华北大，一直想能排名第一，但是根据第二步的分析，如果这些科目经过努力仍无法提高的话，就应该调整自己的目标，否则不能实现的目标会使你失去信心，影响学习的效率，因此有一个不切实际的目标就等于没有目标。

其实，不仅是学习，做任何事，我们都要及时调整自己的计划，我们做事不能盲目，策略的第一步应该是明确自己的目标，有目标才会有动力，有了动力才能够前进。但在总体目标下，我们可以适当调整自己的计划，平时多作一手准备，多检查计划是否合理，就能减少一点失误，就会多一份把握。

根据自己的实际情况，制订一个需要通过自己的努力能够实现的目标，并且目标的制订不是一成不变的，要根据实际情况不断进行调整。经过一段时间的实践，你一定能够确定一个给自己带来源源不断的动力的目标。

因此，你可以把自己的远景规划细化，把大目标分成若干个小目标，把长期目标分成一个个阶段性目标，最后根据细化后的目标制订计划。另外，由于不同的工作有不同的特点，所以你还应根据手头任务制订细化的目标，细化目标也能帮助我们及时调整自己的目标。

总之，如果你是个向往事业成功的人，就要懂得根据当时的情况和环境采取适当的行动方案，要懂得审时度势，要坚信一点：只有将环境与事业发展的远景规划融合在一起，才会最终实现事业成功。

人生的道路都是由心来描绘的

我们都知道，喷泉的高度不会超过它的源头，一个人的成就不会超过他的信念。因此，如果我们想让行动领先一步，梦想就必须超前一些。伟大而卓越的人，之所以能够永无止境地创造和超越，就在于他们拒绝接受平庸，他们追求卓越，所以他们功成名就。正如日本京都陶瓷株式会社社长稻盛和夫在他的《活法》一书中所言："人生是思维所结的果实，这种想法已经构成许多成功哲学的支柱。根据我自身的人生经验，我也坚定一个信念，那就是'内心不渴望的东西，它不可能靠近自己’。亦即，你能够实现的，只能是你自己内心渴望的东西，如果内心没有渴望，即使能够实现的也实现不了。”的确，我们的人生是怎样的，就取决于内心的愿望和渴望。有梦想的人，可以化渺小为伟大，化平庸为神奇。

现代社会的年轻人，如果你想活出一个不平凡的人生，如果你想成为一个成功的人，那么，从现在起，就尽早为自己树立一个足以为之奋斗的理想吧！一个连想都不敢想的人又怎么会成功呢?

美国钢铁大王卡内基，少年时代从英格兰移民到美国，当时真是穷透了，但正是“我一定要成为大富豪”这样的信念，使他于19世纪末在钢铁行业大显身手，而后涉足铁路、石油领域，成为商界巨富。洛克菲勒、摩根也都是满怀欲望，并以欲望为原动力，成为资本主义初期美国经济的胜利者。

理想影响行动，行动影响结果，这是一连串的因果效应。想成功，自然也要有超前的理想和信念。而年轻就是力量，就是希望，这句话不假，那么，你还在担心什么呢？无论做什么，即使失败了，还有机会重新开始。

推销大师吉拉德的成功，也是源于他相信自己能成功的信念。小时候吉拉德的父亲总是给他灌输一种消极的思想：“你永远不会有出息，你只能是个失败者。”这些思想令他害怕。而吉拉德的母亲却相反，她给他灌输的是一种积极的思想：“对自己有信心，你绝对会成功的，只要你想成为什么，你就能做到。”从父母那里，吉拉德时时受到两种相反的力量，这两种力量一方面令他害怕，另一方面也让他产生信心。而最终，母亲灌输给他的这种思想胜利了，这就是他能实现自己的梦想的原因。

小的时候，推销大师吉拉德成天沿街卖报，在酒吧里替人擦鞋，还做过洗碗工、送货员等。长大后作过电炉装配工和住宅建筑承包商，并曾经换过许多个工作，但没有一个能做出成绩的，也就是说35岁以前，他是个彻底的失败者。

后来，有朋友介绍吉拉德去一家经销汽车的公司，推销经理哈雷先生起初很不乐意。

“你曾经推销过汽车吗？”他问道。

“没有。”

“为什么你觉得自己能够胜任？”

“我推销过其他东西——报纸、鞋油、房屋、食品，但人们真正买的是我，我推销自己，哈雷先生。”

吉拉德已经重建了足够的信心，吉拉德并不在意自己已经35岁，也不在乎人们所认为的推销是年轻人干的这个观念。

哈雷笑笑说：“现在正是严冬，是销售淡季，假如我雇用你，我会受到其他推销员的责难，再说也没有足够的暖气房间给你用。”

生存的威胁已经使吉拉德变得更加坚强。“哈雷先生，假如你不雇用我，你将犯下一生最大的错误。我不要暖气房间，我只要一张桌子、一部电话，两个月内将打败你最佳推销员的纪录。”吉拉德信心十足。

哈雷先生终于在楼上的角落给吉拉德安排了一张满是灰尘的桌子和一部电话。就这样，吉拉德开始了自己新的事业。

哈雷先生难以置信，在两个月内，吉拉德真的实现了自己许下的诺言，他打败了公司中所有推销员的业绩，还偿还了10万美元的负债，同时也买回了自尊！

吉拉德的推销故事再一次验证了这样的观点——内心不渴望的东西，它永远不可能靠近自己，你必须得具有强烈的渴望成功的愿望，这一点非常重要。信心能使人产生勇气。假使我们对自己都没有信心，世界上还有谁会对我们有信心呢？也就是说，一个人的信念是他一切行动的开始，也是他能否成功的重要因素。一个人的成果不会超过信念本身。

的确，生活中，很多人也充满理想，但一旦把自己的理想和现实联系起来的时候，他们就退却了，就认为不可能，而这种“不可能”，一旦驻扎在心头，就无时无刻不在侵蚀着他们的意志和理想，许多本来能被他们把握的机遇也便在这“不可能”中悄然逝去。其实，这些“不可能”大多是人们的一种想象，只要你能拿出勇气主动出击，那些“不可能”就会变成“可能”。试想一下，稻盛和夫先生在创业之初，公司仅有8人，而四十多年后，稻盛和夫成为迄今为止世界上唯一一位一生缔造两个世界五百强的人。这不正是证明了“没有什么不可能”的道理吗？

为此，年轻人们，从现在起，你只需树立一个正确的理念，并调动你所有的潜能并加以运用，努力增强自己的能力，你便能脱离平庸的人群，为未来步入精英的行列之中而打好基础！

找到目标，成为你想成为的样子

在刘易斯·卡罗尔的作品《爱丽丝漫游奇境记》中，有这样一段猫和爱丽丝的对话，十分有趣：

“请你指点我，我要走哪条路？”

猫回答爱丽丝：“那要看你想去哪里。”

“去哪儿无所谓。”爱丽丝回答。

“那么走哪条路也就无所谓了。”猫说。

这一对话寥寥数语，却也耐人寻味。任何人，在心中无梦想、无目标的情况下，自己不知道该怎么走前面的路，别人也就无法帮助你，当自己没有清晰的梦想的时，也就没有努力的方向。

我们在生活中，也经常听到人们说，“思想有多远，就能走多远”，这句话虽然有点夸张，却道出了思想对行动的指导作用。同样，一个人能走多远，关键也取决于我们的思想，也就是说你是谁不重要，重要的是现在你正在为成为谁而努力，如果你心有梦想，就能找到自己的方向，就能制订出明确的目标，并为实现自己的目标而奋斗，从而成为你想成为的人。

下面一个简单的故事，蕴含了一个深刻的道理，它告诉我们——梦想对于一个人的行动和未来是多么重要。

很久以前，在一个偏僻的小山村里，有一对兄弟，他们年轻力壮，日子虽然过得窘迫，但是都雄心勃勃，希望有一天能成为村里的富有的人。

一天，村长将他们找来，给他们一个任务——将附近河里的水运到广场的水缸里，这是一份美差，多少人梦寐以求，因为每运送一桶水，他们就能得到一分钱，多么简单。

当听到这一消息时，哥哥兴奋极了："我们的运气真是太好了，这么快就要变成有钱人了！"

但是弟弟则不以为然，他知道这并不是轻松的一件事，果然，第一天运水的时候，他的手就被磨破了，还腰酸背痛，所以他决定要想出更好的办法。

几经琢磨之后，弟弟想到了一个好主意——修一条管道将水从河里引到村里去。当他兴高采烈地将自己的想法告诉哥哥后，哥哥却认为自己做的已经是最好的工作了，所以没必要再花费时间去修那么一条长的管道。

即便哥哥不愿意和他一起合作，弟弟也没有气馁，每天早上，他都起得很早，然后每天用半天时间来提水，半天时间修管道，并且始终耐心地坚持着。

稍后，当他的哥哥和村民发现他的行为后，都嘲笑他，大家认为他在浪费时间，而且，哥哥赚到了比他多一倍的钱，然后哥哥买了一头驴，配上全新的皮鞍，拴在他新盖的二层楼旁。

哥哥还买了很多漂亮的行头，吃得也很好，还经常去村里的饭店，大家都尊敬他，他还去酒吧，偶尔为酒吧的人埋单，大家看到他都点头示好。

当哥哥晚上早早收了工，在家里悠然自得时，弟弟依然在继续挖他的管道。头几个月，弟弟的努力并没有多大进展。哥哥的工作倒是十分顺利。

一天天，一月月过去了。弟弟仍然没有放弃，完工的日期越来越近了。

偶尔，弟弟闲下来的时候，他看了看哥哥，他发现，哥哥还在费劲地运水。哥哥似乎一下子苍老了很多，背都驼了，步伐沉重起来了，并且，他开始产生抱怨情绪，总是气呼呼的，他不想就这样一辈子运水。

哥哥再也不会因为他有大把的时间休息和喝酒而感到开心了，现在，当他出现的时候，人们都议论他：“提桶人来了。”那些无聊的醉汉还模仿他驼着背走路的样子，他羞愧难当，也不再给别人买酒，那些曾经的笑话现在在他看起来就是最大的讽刺。而此时，弟弟正在接近成功，很快，管道完工了！村民们纷纷前来看新管道是怎样运行的，他们看到，清澈的水从管道流入水槽里，整个村庄都有了新鲜的水，因为这条管道，其他村庄的人也都陆续搬到这个村来。

管道一完工，弟弟不用再提水桶了。无论他是否工作，水都源源不断地流入。他吃饭时，水在流入。他睡觉时，水在流入。当他周末去玩时，水在流入。流入村子的水越多，流入弟弟口袋里的钱也越多。

从此，在村里，弟弟为人所称道，大家都认为他是一个奇迹的创造者。

人们常说，鱼与熊掌不可兼得，其实，做任何事情都是如此，想要日后实现目标，现在就要忍受痛苦。

的确，梦想可以燃起一个人的所有激情和全部潜能，载他抵达辉煌的彼岸。我们每个人，都要在年少时就为自己树立一个梦想，而最重要的是，无论你拥有什么样的理想，都不要轻易舍弃它。只有坚持，你才能最终用自己的力量去创造自己美好人生。

也许你现在还站在穷人的行列，被周围的人嘲笑，也许你受了很多痛苦，但无论你遇到什么，如果你内心有目标，就绝不可轻言放弃。

你可以成为一个优秀的人

我们的现实生活中，相信每个人都有自己的理想，并渴望成功，而最终能成功的人只不过是极少数，大多数只能与成功无缘。他们不能成功是因为他们往往空有大志却不肯低下头、弯下腰，不肯静下心来努力学习、从身边的本职工作开始积聚自己的力量。要知道，只有一步一个脚印，踏实自制、不浮躁地学习，才能成为一个优秀的人，当你把优秀当成一种习惯后，你也就离成功不远了。

洪堡是德国著名的探险家、自然科学家，是近代气候学、自然地理学、植物地理学和地球物理学的创始人之一，他对生物学和地质学也有很深的造诣，在科学界享有极高的声誉，被当时的人们尊为“现代科学之父”。

尽管如此，洪堡却是一个十分谦逊的人。他尊重别人，从不自满，直到晚年还刻苦学习。在柏林大学的一间教室里，每当著名的博克教授讲授希腊文学和考古学的时候，课堂里总是挤满了学生。在这些青年学生中间，人们常常会看到一位身材不高、穿着棕色长袍的老人。这位白发苍苍的老人也像别的学生一样，全神贯注地听课，认真地做着笔记。晚上，在里特教授讲授自然地理学的课堂里，也经常出现这位老者的身影。有一次，里特教授在讲一个重要地理问题时，引用了洪堡的话作为权威性的依据。这时，大家都把敬佩的目光投向这位老人。只见他站起身来，向大家微微鞠了一躬，又伏身课桌，继续写他的笔记。原来，这位老人就是洪堡。

洪堡的优秀来自于他孜孜不倦的学习，把学习当成一种习惯。实际上，优秀就是一种习惯，需要我们主动去培养。根据西方人文科学家研究，一个习惯的培养平均需要21天左右，只要我们认真去做，就等于说我们吃了21天的苦，却得到了一辈子的甜，这是一件很值得去做的事情。

有位记者曾问亚洲首富李嘉诚："李先生，您成功靠什么？"李嘉诚毫不犹豫地回答："靠学习，不断地学习。"不断地学习知识，是李嘉诚成功的奥秘！

李嘉诚勤于自学，在任何情况下都不忘记读书。青年时打工期间，他坚持"抢学"，创业期间坚持"抢学"，经营自己的"商业王国"期间，仍孜孜不倦地学习。李嘉诚一天工作十多个小时，仍然坚持学英语。早在办塑料厂时，他就专门聘请一位私人教师每天早晨7点30分上课，上完课再去上班，天天如此。当年，懂英文的华人在香港社会是"稀有动物"。懂得英文，使李嘉诚可以直接飞往英美，参加各种展销会，谈生意可直接与外籍投资顾问、银行的高层打交道。如今，李嘉诚已年逾鲐背，仍爱书如命，坚持不断地读书学习。

一个人不可能随随便便成功，李嘉诚向每个渴望成功的人展示了这个道理。可能你也惊羡李嘉诚式的成功，却做不到李嘉诚式的努力与勤奋。你不妨问问自己：我做到99%的勤奋了吗？如果你的回答是否定的，那么，你就知道症结所在了。也许，有些人会说，我不够聪明。而实际上，即使智慧，也源于勤奋。没有人能只依靠天分成功。自身的缺点并不可怕，可怕的是缺少勤奋的精神。勤奋面前，再艰巨的任务都可以完成，再坚定的山也都会被"移走"。滴水能把石穿透，万事功到自然成。唯有勤劳才是永不枯竭的财源。

爱因斯坦说："人的价值蕴藏在人的才能之中。在天才和勤奋两者之间，我毫不迟疑地选择勤奋，她是几乎世界上一切成就的催产婆。"如果你能做到勤奋学习、勤奋做事，你必当会有所收获。事实上，当今社会更是一个需要人们不断学习的社会，知识的更新速度越来越快，曾有人说，"知识的半衰期仅为5年"，也就是5年之内，掌握的知识就有一半过时。这句话无疑警示所有的人，要想在当今社会生存并发展下去，我们必须要不断地学习和充实自己，不断地更新自己的知识结构，继而成为一个优秀的人，否则，我们只能被时代所淘汰。

不断努力，收获一个丰富多彩的人生

我们都知道，任何一个有理想、有追求、有上进心的人，一定都有一个明确的奋斗目标，他懂得自己活着是为了什么。因而他的所有的努力，从整体上来说都能围绕一个比较长远的目标进行，他知道自己怎样做是正确的、有用的，否则就是做了无用功或者浪费了时间和生命。显然，成功者总是那些有目标的人，鲜花和荣誉从来不会降临到那些没有目标的人的头上。

所以，我们每个人都应该早立志，要尽早为未来的幸福生活作打算，你要想成为自己想成为的模样，就要趁早努力。因为目标是一切成就的起点。一个人，只有确立了前进的目标，他才会最大可能地发挥自己的潜力。除此之外，努力是实现目标的唯一途径，只有不断努力，我们才能检验出自己的创造性，才能锻炼自己，造就自己。

人生是一个不断积累的过程，要想获得幸福，要想成为你想成为的人，你就要现在开始努力，就要树立一个切实可行的目标，制订奋斗的目标，然后勇敢地去执行，相信你能收获一个丰富多彩的人生。

在很多渴望成功的人眼里，石油大王洛克菲勒也是他们学习的榜样。他能从一无所有到拥有后来的商业帝国是一个传奇，但事实上，这是他持之以恒、积极奋斗的回报，是命运之神对他艰苦付出的奖赏。他曾经对自己的儿子说过这样一句话："我们的命运由我们的行动决定，而绝非完全由我们的出生决定。"生活中的我们也需要记住，一个人的命运如何是掌握在自己手里的，出身只能决定我们的起点，不能决定我们的终点，对此，洛克菲勒的人生轨迹可以加以证明：

幼年时的他就开始跟随着父母过着动荡不安的生活，他们总是搬迁。到他11岁时，父亲因一桩诉讼案而出逃。此后，年仅11岁的洛克菲勒就担起了家里生活的重担。

后来，对知识的渴望，让他在商业专科学校学习了3个月，在学会了会计和银行学之后，他就辍学了。

出了学校的洛克菲勒，刚开始在休伊特·塔特尔公司做会计助理。在工作中，他始终不忘学习。每次，当休伊特和塔特尔讨论有关出纳的问题时，洛克菲勒总是认真倾听，从中汲取知识。另外，洛克菲勒在这家公司从业期间，为公司带来不少效益，赢得了老板的赏识。

洛克菲勒很细心，每次在公司交水电费的时候，洛克菲勒都要逐项核查后才付款。而老板只看总金额，这很快让洛克菲勒取得了老板的信任。

又有一次，公司高价购买的大理石有瑕疵，洛克菲勒巧妙地为公司索回赔偿。休伊特很欣赏他，就给他加了薪。

后来，洛克菲勒从一则新闻报道中得知由于气候原因英国农作物大面积减产。于是他建议老板大量收购粮食和火腿，老板听从了他的建议。公司因此而获取了巨额的利润。

成绩斐然的洛克菲勒要求加薪，遭到了老板的拒绝。于是，洛克菲勒离开公司决定创业。洛克菲勒只有800美元，而创办一家谷物牧草经纪公司至少也得4000美元。于是他和克拉克合伙创业，每人各出2000美元。洛克菲勒想办法又筹集了1200美元，才凑够了2000美元。这一年，美国中西部遭受了霜灾，农民要求以来年的谷物作抵押，请求洛克菲勒的公司为他们支付定金。公司没有那么多资金，洛克菲勒从银行贷款，满足了农民的需要。经过一年的苦心经营，获利4000美元。

而如今，洛克菲勒中心的53层摩天大楼坐落在美国纽约第五大道上。这里也是标准石油公司的所在地。标准石油公司创立之初（1870年）仅有5个人，而今天该公司拥有股东30万人，油轮500多艘，年收入已达五六百亿美元，可以说，这里的一举一动牵动着国际石油市场的每一根神经。

洛克菲勒的人生就是从一个周薪只有5元钱的簿记员开始的，而他却经由不懈的奋斗建立了一个令人艳羡的石油王国。洛克菲勒的成功并不是一个神话，他只是更懂得用行动和智慧来经营人生，他有一双发现机会的慧眼。他从为别人打工开始，就显示出了与众不同的智慧。

这个真实的故事再次使我们坚信：一个人如果在年轻时就树立一个目标，并坚持不懈地为之努力，那么，他一定会是一位成功的人。

人只有树立了目标，内心的力量和头脑的智慧才会找到方向。目标是对于所期望成就的事业的真正决心。如果一个人没有目标，就只能在人生的旅途上徘徊，永远到不了任何地方。正如空气对于生命一样，目标对于成功也有绝对的必要。如果没有空气，人就不能生存；如果没有目标，没有任何人能成功。

所以，生活中的人们，如果你希望在未来过上幸福的生活，从现在开始，你就要早作打算，就要从现在开始努力。并且，再也不要被那些消极的思维左右自己了，不要认为自己年纪大，不要认为自己愚笨，成为一个积极向上的人，培养自己的热忱，找到自己的目标，就能为现在的自己作一个准确的定位，就能实现自己的人生目标。

第4章

改善自己的性格，不被缺陷性格左右

我们都知道，人无完人，人的性格也是如此，并无完美，人的性格缺点有很多，做事拖拉、骄傲自大、盲目冲动、依赖性强、贪婪等，很明显这些都是我们成长的最大的阻碍，也是自制力的最大威胁。因此，从我们自身角度看，必须从现在起，克服这些性格弱点，把自己历练成一个心态阳光、性格坚韧的高度自制者，只有这样，你才有可能成为一个不为性格缺陷左右的人。

良好的性格是人生一笔巨大的财富

瑞士著名的心理学家荣格说，播下一种行动，你将收获一种习惯；播下一种习惯，你将收获一种性格；播下一种性格，你将收获一种命运。

我们不难发现，在我们生活的周围，有些人就是能得到众人的喜爱，他们“得道多助”，无论走到哪里，他们都有朋友，他们从不孤单；而有些人却四处遭人排挤，他们总是抱怨自己时运不济。这是为什么呢?

其实，决定一个人是否完美、是否幸福的，有一个非常重要的原因，那就是性格。性格是左右我们一生生存状况、人际关系甚至是命运的重要因素和神秘力量，性格的好坏直接影响到婚姻是否美满、事业是否顺利和生活是否幸福。

小徐是一家医院的护士，在一天的日记中，她这样写道：

周六那天早晨来了一个女的带一个小孩来输液，那女的穿得还有模有样的，没想到素质很差。那天天气一点都不热，大概只有27度。她一来就把输液室的空调打开了，也不顾及其他病人。开就开了我也没讲什么，她倒好，开空调却把我们的门窗全开了。我就说：“你开空调至少要把我们窗户关一下。”

我也没觉得我说的有什么过分的话，那女的立马来一句：“好玩呢，不是你来关了吗？你自己的事情不做，要我做啊？”听到这话，我真气得够呛，但是我还是忍了，毕竟有其他病人在，吵起来对其他病人也不好，我就没讲话走了。过了10分钟陆续有病人换地方输液了（都嫌冷），有的病人就讲那女的素质差。可能是她听到了病人的议论，她又把空调关了。关了之后，刚好我在给一个病人输液，她趾高气昂地来一句：“哎，等你弄好，过来帮我把窗户开开。”我听得气死了，她一副命令的口气，好像是应该的。刚好那会儿很忙，我自然是没理她。我也生气，凭什么帮她开窗户啊，她又不是病人，何况那么傲气。又过了10分钟，她居然很没修养地冲到我们治疗室来了，冲着我就来了句：“你忙好了吗，忙好了还不帮我来开窗户。我们客人到你家来还要我开窗户啊！”当时真的很想骂她，想想算了，跟这种没有修养的计较只能显得我的修养也不高。说实话上班这么多年这种人还第一次碰到，素质太差了。

从小徐的日记中，我们能知道，她的确很生气，可是她没有对那个女人发火，没有愤怒，从而保全了自己的形象，相反，如果面对这样一个素质差的女人，她和她“对着干”，或许当时能出口气，可是事后呢，医院的人会认为小徐的修养不好，品质不好，也给人留下一个“泼妇”的形象。

可见，好性格的人心胸宽广，自然也就不会因为一点点小事愤怒，他们会以微笑和包容对待侵犯自己的人；而相反的是，一些人总是以牙还牙，骂得脸红脖子粗，还不肯罢休，其实他们不知道，背后已经有很多人在议论自己了，自己的形象早已荡然无存。

事实上，性格是好是坏，对他人的影响力倒是次要的，最严重的是对个人生活心态的影响。一个人的命运如何，做事成功与否，生活是否美满，乃至悲欢离合的遭遇，都是这个性格在作怪。

总之，心性良好、性格健康的人，会注意到阳光、友情、温暖，寻找到欢乐，不缺乏自我安慰的办法，并有回避危险的能力。在这个层面上，好心性的人，会把日子过得舒畅，就是遇到挫折也能自我调整，能较自然地处在一种对事物的全面理解中。相反，那些心性不好的人，很明显，因为他们关注的视角不同，他们的生活是不幸福的。

学会接纳最真实的自我

我们都知道，自信是对自己的高度肯定，是成功的基石，是一种发自内心的强烈信念。相反，如果一个人总是自我怀疑，认为自己这不行那不行，那么，久而久之，他便真的不行了。

心理学家罗杰斯曾提出“人本主义”，而人本主义的实质就是让人看到自己的本性，而并非倚重外来的观念；以此重新相信自己，而并不是根据外在环境来强加给自己价值观，从而让人可以自由表达自己的思想和感情，由性地健康发展。然而，一切的前提是要相信自己，能全面地看待自己，并挖掘出自己的潜能。美国著名心理学家基恩，小时候亲历过一件让他终生难忘的事，正是这件事使得基恩从自卑走向了自信，也正是这种自信使他一步步走向成功。

有个中年妇女，她给心理医生寄去了一封信，信的内容是这样的：

“很小的时候，我就长得很胖，身上和脸上都是肉，所以我感到自卑和羞怯，并且，我也不敢打扮自己，妈妈告诉我，女孩子将自己打扮得太漂亮是一件愚蠢的事，她不让我穿得体的衣服，所以我一直穿那些宽大的衣服。

“我不敢参加朋友们的聚会，我也开心不起来，因为确实没什么开心的事，我不受人关注，不被人喜欢，甚至连运动会我也不参加，我太害羞了，在我看来，我肯定是与别人不一样的。

“在我成年后，我很顺利地结了婚，我的丈夫比我大几岁，但我还是无法改变自己。我丈夫一家子都是很自信，我也一直想要和他们一样，但我根本做不到。他们也曾几次尝试改变我，但是我真的做不到，自此我变得更害羞，我开始紧张易怒，不敢见任何朋友，甚至门铃一响我就紧张起来，我想我真是没救了，我怕丈夫察觉出这个糟糕的我，我尽量装得开心一点，有时候还表现过火了，因为事情过后我都觉得自己累得虚脱了，我没办法入睡。最后，我开始怀疑自己是否应该继续活下去，于是，我想到了死亡。”

当然，这位女士并没自杀，那么，改变她的想法的到底是什么呢？只是她偶然听到的一句话。在给心理医生寄来的那封信里，她提到了此事：

“一切改变都得益于一句简单的话，那天，我和婆婆聊天，谈到孩子的教育问题，她谈到自己的教育方法：‘无论我的孩子遇到什么，我都告诉他们要保持自我本色。’

“是啊，‘保持自我本色，’多么简短的一句话，我突然发现，一直以来我都是将自己放在了错误的位置。

“在听到这句话后，我瞬间好像清醒了一样，我开始按照这句话来生活，我努力认清自己的个性，找到自己的优点，我开始学着如何按照自己的喜好、身材去搭配衣服，以此提升自己的品位。我开始主动走出去交朋友，我开始加入到一个小团体中，每次当大家叫我上台参加某个活动时，我都鼓足勇气，慢慢地我大胆了很多，这是一个长期的过程，但我确实发生了不少的变化。我想，当我以后教育我的子女时，我一定会告诉他们我的这一段经历，我希望他们能记住：无论何时，都要保持自我本色。”

威廉·詹姆斯曾说过这样的话：“一般人的心智使用率不超过百分之十，很多人都不了解自己到底还有些什么才能。人们往往对自己设限，因此只运用了自己身心资源的一小部分。

实际上，我们拥有的资源很多，却没有成功地运用。”

好莱坞著名导演山姆·伍德曾说，对于他来说，最头疼的事就是让那些年轻的演员保持自我，他们每个人都想成为翻版的拉娜·特勒和克拉克·盖博，可是观众想要点“新鲜的味道”，而不是那种他们已经“尝过”的。

既然我们有那么多未被开采的潜能，那么，你又何必担心自己不如别人呢？

我们都应该明白，在这个世界上，不会有第二个你，现在没有，以后也不会有。这一点，我们能从遗传学书籍中找到证据。我们每个人都是由父亲和母亲的23条染色体组合而成的，决定遗传的就是这46条染色体，每一条染色体中还有数百个基因，任何单一的基因又能影响甚至改变我们的一生，这就是令人敬畏的人类生命的形成。

自从你来到这个世界上，你就是独特的，你应当为此而雀跃，你应该善于运用自己的天赋。其实，那些所谓的艺术，也都是对自我的一种体现而已，你能唱的、画的也都只有你自己，造就你的只有你的经验、环境和遗传。无论如何，你只有在你生命的舞台中演奏好自己的乐器，才能活得精彩。

爱默生在他的短文《自我信赖》中说过这样一段话：

无论是谁，总有一天会明白，嫉妒是毫无用处的，而模仿他人简直就是自杀，因为无论好坏，能帮助我们的只有我们自己，一个人只有耕好自己的一亩三分地，才能收获自家的粮食；

你自身的某种能力是独一无二的，只有当你努力尝试和运用它时，你才能真正感受到这份能力是什么，才能体味它的神奇。

改善性格，改变命运

俗话说，“习惯形成性格，性格决定命运”，好习惯是后天培养出来的，坏的性格也可以被后天改善，我们生活中的每一个人，都应该以独具的敏锐洞察力来审视自己的性格。我们要相信一点：坏性格是可以改变的。改变了性格中的那些瑕疵，你的命运也会如美玉般透亮。

生活中，我们不少人认为有些东西是可以通过学习得来的，但事实上并不是这样。尤其是牵涉人的性格方面，“江山易改，秉性难移。”无论脑子里装了多少的道理，你的临场表现和反应，仍然会难以登堂入室，因为那是你性格的流露。读书可以明理，却改变不了性格。

思想是意识，是理性的；性格是潜意识，是非理性的。从意识到潜意识，这二者之间隔着一道鸿沟。性格是习惯的累积，改进性格，要从潜意识着手，养成新的习惯。潜意识不能用意识去控制，但是可以对潜意识进行训练。自我心理暗示，是对潜意识进行训练的最好方法。

玛丽是5个孩子的母亲，全职在家照顾孩子和家庭。她经历过一些不寻常的事，因此，曾经她经常在噩梦中醒来。玛丽患有严重的风湿症，特别痛苦。与此同时，为了重新探索自己的信仰与生命目标，她陷入苦苦的挣扎之中。

因为接二连三发生了一些事情，所以玛丽的朋友建议她可以写一些东西，以宣泄自己内心的痛苦。开始的时候，玛丽对朋友的建议持质疑的态度，毕竟这对她来说是一件极为不寻常的事。不过，最终她还是采纳了朋友的建议，开始练习写作。

每天早上醒来的时候，她都清晰地记得自己晚上做了哪些梦，于是，她赶紧提笔写下来，当她写完以后，她这一天的心情就好多了。随着练习的时间越来越长，玛丽进步得很快，渐渐地打开了自己，与此同时，她还日益在奋斗与挣扎中寻找到爱、信心和勇气。

终于有一天，玛丽发现，自己已经习惯了写作的日子，曾经那些所谓的痛苦也已经不再缠绕自己了，她的写作功底也得到了他人的认同。她的内心日益充实丰盈，充满了爱、灵性和力量。通过自己的笔，玛丽把自己的所得毫无保留地传递给别人。

生活中，我们每个人都有一些习惯，有好的，也有坏的，但无论是养成好的习惯，还是戒除坏习惯，都需要我们融入自己的意志力，我们只有不断告诫自己坚持到底，才能真正将习惯变成无意识的行为。

人们常说，一天之计在于晨，早上的行为与观念决定了我们一天的观念和行为，如果早晨刚睁开眼的你就已经决定了今天要为自己的好习惯付出努力，那么，这一天内你的行为可能就是在正轨上的，而反过来，假如你在早上就已经消极处之，那么，接下来你可能会懈怠、放纵，“量变引起质变”，今天你的行为如何，直接关系到你的习惯的形成。以下的原则，可以帮助人培养新的、理想的习惯，改进自己的性格：

1. 相信自己，正视开端

任何大的成功，都是从小事一点一滴累积而来的。没有做不到的事，只有不肯做的人。想想你曾经历过的失败，当时的你真的用尽全力试过各种办法了吗？困难不会是成功的障碍，只有你自己才可能是最大的绊脚石。

2. 扎实的基础是成功的法宝

很多人不满意现在的工作，羡慕明星、大款或者成功人士，不安心本职工作，总是想跳槽。其实，没有十分的本领，就不应有过多的妄想。我们应该多向成功之人学习，脚踏实地，做好基础工作，一步一个脚印地走上成功之途。

3. 实干才能脱颖而出

那些充满乐观精神、积极向上的人，总有一股使不完的劲，神情专注，心情愉快，并且主动找事做，在实干中实现自己的理想。

4. 用心做事，尽职尽责

以积极主动的心态对待你的工作、你的公司，你就会充满活力与创造性地完成工作，你就会成为一个值得信赖的人，一个老板乐于雇用的人，一个拥有自己事业的人。

5. 对待小事也要倾注全部热情

倾注全部热情对待每件小事，不去计较它是多么地“微不足道”，你就会发现，原来每天平凡的生活竟是如此地充实、美好。

性格决定命运。如果你期望一个成功的人生，那么就必须改进自己的性格。

的确，没有人生来就是伟大的，没有人可以不做小事就直接做大事，就像走路，每一小步看起来是那么不起眼，但走得久了，你会发现自己居然走过那么长的路途！那么，你还等什么呢？从现在就开始，从小事做起，不断坚持，逐步改善自己性格中不好的部分，最后你一定会拥有一个成功的人生！

反省，全面认识自我

生活中，我们周围的每一个人都是一个单独的个体，人与人虽然没有优劣之分，但每个人自身各有优点与不足，对于追求卓越和成功的人来说，你若能及时发现自己的问题，扬长避短，并加以改进，那么便能更好地成长，很多成就卓著人士的成功，首先得益于他们充分了解自己的长处、知道自己的短处，然后根据自己的特长来进行定位或重新定位。

有人说“成功时认识自己，失败时认识朋友”，这句话固然有一定的道理，但归根结底，我们认识的都是自己。无论是成功还是失败时，都应坚持辨证的观点，不忽视长处和优点，也要认清短处与不足。同时，自我反省、认清自己还能帮助我们做回自己，只有这样，才能获得重生。

爱因斯坦小时候是个十分贪玩的孩子，他的母亲常常为此忧心忡忡。母亲的再三告诫对他来说如同耳边风。直到16岁那年的秋天，一天上午，父亲将正要去河边钓鱼的爱因斯坦拦住，并给他讲了一个故事，正是这个故事改变了爱因斯坦的一生。

父亲说：“昨天我和咱们的邻居杰克大叔去清扫南边的一个大烟囱，那烟囱只有踩着里面的钢筋踏梯才能上去。你杰克大叔在前面，我在后面。我们抓着扶手一阶一阶地终于爬上去了。下来时，你杰克大叔依旧走在前面，我还是跟在后面。后来，钻出烟囱，我们发现了一件奇怪的事情，你杰克大叔的后背、脸上全被烟囱里的烟灰蹭黑了，而我身上竟连一点烟灰也没有。”

爱因斯坦的父亲继续微笑着说：“我看见你杰克大叔的模样，心想我一定和他一样，脸脏得像个小丑，于是我就到附近的小河里去洗了又洗。而你杰克大叔呢，他看我钻出烟囱时干干净净的，就以为他也和我一样干干净净的，只草草地洗了洗手就上街了。结果，街上的人都笑破了肚子，还以为你杰克大叔是个疯子呢。”

爱因斯坦听罢，忍不住和父亲一起大笑起来。父亲笑完后，郑重地对他说："其实别人谁也不能做你的镜子，只有自己才是自己的镜子。拿别人做镜子，白痴或许会把自己照成天才的。"

的确，正如爱因斯坦的父亲所说，我们只能做自己的镜子，照出真实的自我。先哲说："人生的真谛在于认识自己，而且是正确地认识自己。"许多教育家认为，一个人的反思意识应从小培养，因此，尚处于人生积累阶段的年轻人，也应当从现在起，培养自己的反省意识。

而事实情况是，日常生活中，我们既不可能每时每刻去反省自己，也不可能站在一定的高度、以局外人的身份来观察自己，于是，我们只能凭借外界信息和他人的眼光来认识自己，于是，我们的思维很容易受到外界信息的暗示，于是，我们常常会迷失自己。

生活中的我们，也应该安静下来问自己，我们到底是在不断提升自己，还是只顾面子，不肯跟自己"摊牌"呢？或许有正直不阿的指导者，曾经指出你身上存在的问题或闪光点，但可能你根本不愿意承认这点，因为你不愿意让他人看透自己。

事实上，反省无时无地不可为之，也不必拘泥于任何形式。不过，人在事物繁杂的时候很难反省，因为情绪会影响反省的效果。你可在深夜独处的时候反省，也就是在心境平静的时候反省——湖面平静才能映现你的倒影，心境平静才能映现你今天所做的一切！

当然，真正有效的反省都是在头脑清醒的情况下进行的，正如哲学家尼采所说的：“不要在疲惫不堪的时候反省自己，这并非因为你冷静地反省了自己，你只是累了。在疲劳时进行反省，乃是郁闷设下的陷阱。”他这句话的含义是，一个人在结束了一天的生活和工作后，会不由自主地回顾当天的生活。此时，你会关注到自己和他人的行为，就会从中发现一些令你不愉快的部分，你就会变得郁郁寡欢，这种情绪的产生可能是因为你认为自己是无能的，你也可能认为他人是可恨的，那最终，你会伴随这样一些负面情绪睡去。很明显，此时的反省不是有效的，你只是疲惫了，此时，你该做的就是休息，等身心放松了再进行反省，你会更平和地看待问题。

至于反省的方法，要做到因人而异，有人写日记，有人则静坐冥想，只在脑海里把过去的事放映出来检视一遍。不管你采用什么样的方式，只要真正有效就行，自省也不能流于一种形式，每日看似反省，但找不出自己的问题，甚至对错不分，那就很值得注意了。

那么，每天你又应该反省些什么呢？是不是专门跟自己过不去？不！以下几个方面就值得你去自省：

人际关系。你今天有没有做过什么对自己人际关系不利的事？你今天与人争论，是否也有自己不对的地方？你是否说过不得体的话？某人对你不友善是否还有别的原因？

做事的方法。反省今天所做的事情，处事是否得当，怎样做才会更好。

生命的进程。反省自己至今做了些什么事，有无进步？是否在浪费时间？目标完成了多少？

如果你坚持从这三个方面反省自己，那一定可以纠正自己的行为，把握行动的方向，并保证自己不断进步。

要成为一个有自我反省能力的人，你一定要做到自我否定，就是要勇于认错。每个人都会有错误和缺点，有了错误，主动接受批评和自我批评，认真反省自身缺点，从而不断改进自己、升华自己。生活中的人们，你有反省的习惯吗？趁早培养吧，它能修正你做人处事的方法，给你指引明确的方向……

总之，反思自己是一件痛苦的事情，会反思是一种智慧，对于那些更喜欢跻身于人群中的人来说，你有必要反思自我，思考自己的得失功过，只有这样，你才不至于迷失自我。

改正缺点，完善自我

生活中，我们都知道“学无止境”的道理，无论是做人还是做事还是学习，都不可妄自菲薄。妄自尊大和妄自菲薄都是严重的错误，而对于性格中的缺点，我们也一定要带着自我审视的态度，发现并改正，才能逐步完善自我。

杰斐逊是一名普通的汽车修理工，靠这份工作勉强生活，但是他的目标并不在此，他希望自己能拥有一份更好的工作。

一次，他打听到汽车城底特律正在招聘员工，他心想，可以前去试试。当时招聘公告上所写的招聘日期是星期一，所以，他在前一天下午就到了底特律城。

晚饭后，一个人待在旅店里，他突然静下心来，开始想到很多事，很多过去经历的事像电影般在脑海中播放了一遍。突然间，他感到一种莫名的烦恼，他自认为自己头脑灵活、做事勤快，为什么到现在一事无成呢？

接下来，他从包里拿出来纸笔，然后写下了几个人的名字，这些人和自己年纪相仿、认识已久，关键是比自己优秀，其中两位曾是他的邻居，而如今却搬到富人区去了，还有两位是他以前的老板。

他扪心自问：与这4个人相比，到底自己在哪方面不如他们？自己真的笨吗？倒不尽然，很长一段时间的反思后，他找到了问题的症结在哪——自己性格情绪的缺陷。他承认，在这一方面，自己确实不如他们。

想着想着，时间过去，竟然已经到了凌晨的三点多了，他却愈发睡不着，他觉得这些年来，他第一次认清了自己，看到了自己致命的缺点：很多时候不能控制自己的情绪的缺陷，如爱冲动、自卑，不能平等地与人交往等。

他为这一问题检讨了自己一晚上，这才发现，自己是一个极不自信、妄自菲薄、不思进取、得过且过的人；他总是认为自己无法成功，也从不认为能够改变自己的性格缺陷。

最终，他下定决心，从那一刻开始，绝对不会再自贬身价，认为自己不如人了，只有先完善自己的性格缺陷，才有可能变得优秀。

第二天一大早，他抬头挺胸来到了这家公司，信心满满地前去面试，顺利地被录用了。在他看来，之所以能有这样一个工作机会，就是因为头一天晚上他作了自我检讨并认识到了自信的重要。

在走马上任的两年内，杰斐逊逐渐变成了一个受大家欢迎而且能力出众的人，大家都喜欢这样一个乐观、自信和积极热情的人，两年后，他加了薪水，又升了职，成为一个小有成就的人。

生活中，很多人像曾经的杰斐逊一样，忙忙碌碌，日复一日，固定的生活模式成了一种必然，但成功没有青睐他们，为什么会这样呢？之所以造成这种结果，很大一部分原因在于我们没有自我认识，没有找到并改正自己性格缺点。生活中的人们，你可能会觉得自己比他人聪明、学习能力比他人强，但你更应该将自己的注意力放在他人的强项上，只有这样，你才能看到自己的肤浅和无知，才会不断进步。

富兰克林并不是出身官宦之家，相反，他小的时候，家里很穷。他也只在学校读了1年书后就不得不出去工作，但童年的艰辛并没有磨灭他的理想和意志，反而激励他更加努力。最终，他成功了，他成为美国人心中杰出的政治家和外交家。其实，富兰克林并不是天才。那么，除了刻苦勤奋外，他是不是还有什么成功的秘诀呢？事实上，在富兰克林的身上，有一种非常重要的品质，那就是经常独处、反省自己。正是这种品质，促使他不断地发现自己的缺点，不断改进，成为一个拥有很多美德的人，最终走向成功。

每天晚上，富兰克林都会问自己：“我今天做了什么有意义的事情？”

他检讨自己的缺点，发现自己有13种严重的缺点，而其中最为严重的是，喜欢与人争论、浪费时间、总被小事扰乱心绪，他通过深刻的自我检讨认识到：如果要成功。就一定要下决心改造自己。

于是，他设计了一个表格。表格的一边写下自己所有的缺点，另一边则写上那些美好的品质，如俭朴、勤奋、清洁、谦虚等。他每天检查，反省自己的得与失，立志改掉缺点，养成那些美德。这样持续了几年，他终于成功了。

从这个故事中，我们也不难发现，让自己安静下来，学会在寂寞中反省，是提升自己的最好方法，它还能让我们看清自己，看到自己的不足、长处，甚至找到人生的目标。

西奥多·罗斯福也曾说过：“有一种品质可以使一个人在碌碌无为的平庸之辈中脱颖而出，这个品质不是天资，不是教育，也不是智商，而是自律。有了自律，一切皆有可能，无则连最简单的目标都显得遥不可及。”任何一个人的才能，都不是凭空获得的，学习是唯一的途径。学习的过程，就是一个不断克服自我、控制自我的过程，只有首先战胜自己，摒除内在和外在的干扰，才能以全部的激情投入到对知识的汲取中。

第5章

走出拖延的魔症，和懒惰说拜拜

我们的生活中有一些有拖延心理的人，他们总是喜欢把今天的事留到明天，但“明日复明日，明日何其多”，即使再完美的计划、再伟大的梦想，如果没有你的行动，那么，它都是一个空想而已。俗话说：“今日事，今日毕，留到明天更着急。”拖延者往往都有很大的精神负担——事情未能及时完成，却都堆在心上，既不去做，又不敢忘，实在比多做事情更加受罪。因此，我们要力戒拖延，立即行动。

拖延与懒惰，都是自制力差的表现

我们都知道，每个人都有懒惰的心理，这是人类的天性。可以说，一个人在可以懒惰的情况下，不会不懒。只是有些人能克服自己的惰性，并能以勤奋代之，最终取得成功；而有些人则任由懒惰这条又粗又长的枯藤来缠着自己，阻挡着自己的前进。

英国地质学家史密斯曾说：“如果懒惰不产生恶习或祸患，那通常也一定产生沮丧。”从他的这句话中，我们能看出来懒惰这一恶习所带来的负面影响。事实上，我们所讨论的拖延与懒惰是一对孪生兄弟，他们总是狼狈为奸，阻碍我们积极向上。

南北朝时，有一位名叫江淹的人，他是当时有名的文学家。江淹年轻的时候很有才气，会写文章也能作画。可是当他年老的时候，总是拿着笔，思考了半天，也写不出任何东西。因此，当时人们谣传说：有一天，江淹在凉亭里睡觉，做了一个梦。梦中有一个叫郭璞的人对他说：“我有一支笔放在你那里已经很多年了，现在应该是还给我的时候了。”江淹摸了摸怀里，果然掏出一支五色笔来，于是他就把笔还给郭璞。从此以后，江淹就再也写不出美妙的文章了。因此，人们都说江郎的才华已经用尽了。

江郎之所以“才尽”，就是因为懒惰。人们常说，人生苦短，行色匆匆，有的人青云直上、事业有成，有的人庸庸碌碌、毫无作为，这两种完全不同的人生情景，实则来源于截然不同的两种人生态度。前者珍惜时间、勤奋拼搏；后者则懈怠拖延、行动迟缓。勤奋可以使聪明之人更具实力，而相反，懒惰则会使聪明之人最终江郎才尽，最终成为时代的弃儿。生活中的人们，如果你是个懒惰的人，那么，从现在起，你最大的任务就是赶走惰性。

曾经有人说：“懒惰是最大的罪恶，上帝永远保佑那些起得最早的人。”懒惰是现代社会中很多人共同的缺点，他们总是为自己的懒惰找借口，而正是因为如此，他们最终也丧失了很多成功的机会。因为人的一生，可以有所作为的时机只有一次，那就是现在。的确，一个人只有坚持“不找借口找方法”的信念，才能对自己的事业有热情，不管遇到什么事，都能以办法代替借口。

你会发现，那些你不愿意做的工作，往往是你不喜欢做的事或者难做的事，因此，要克服拖延心理，你首先要克服惰性，万事开头难，要把不愿做但又必须做的事情放在首位，而对于难做的事可以试着把困难分解开，各个击破；对于那些难作决定的事，则要当机立断，因为最坏的决定是没有决定。

在工作和生活中，不少人都有过这样的体验：你本来打算做某件事，但是过了好久还是没有开始；或者觉得自己想去但就是不想动手。其实，这些情况反映到日常的生活中，就是生活好像总是被一种惰性缠绕，知道懒惰不好，但是就是不知道从何处入手、该怎样开始。

以心理学操作性反射的原则为基础，对人类的行为方式进行观察后，心理学家提出这样一种改进方式，以纠正惰性生活方式，并认为这种惰性生活方式的结束会带来整个人生的良性改变。这也叫普瑞马法则。

要克服惰性心理，你首先就要认识到它的负面效应。懒惰拖延并不能帮助我们解决问题，也不会让问题凭空消失，它只是一种逃避，甚至会让问题变得更严重，那么，你为什么还要逃避呢？那么，接下来，我们该怎样克服惰性呢？你如果有兴趣尝试1周以下方式，你会发现你整个人会很不同了：

首先，给自己的行为作一个记录，把你每天都要做的事情记录在册，记住，是所有的事。当然，吃饭、穿衣这样的事还是剔除，这样，即便粗略地记录的话大概也有十几件，然后你可以按照自己的兴趣将这些事进行排序，比如，你最讨厌的事可以放到第一位，最喜欢的放在最后。

然后，就按照你所列举的顺序来行动吧。早上，当你一起床的时候，你就先做那些你最讨厌的事，然后接着是第二件、第三件……到最后，你所做的是你最喜欢的事。

这是一个可能让你觉得操作起来有难度的事，不过坚持就是胜利，千万别在中途放弃、转而去做你喜欢的事了。

为什么这样做能帮你克服惰性呢？因为这种方式是一种强化作用的方式——先处理困难的事情，再处理稍困难的事情，这样，就能对前面所做的事情起到一种强化的作用，并且，在这个过程中，强化的效果会越来越明显，直到你认为自己完全有能力可以控制自己、将那件事做好。

这是效果极好的改变惰性的方法。并且，对于容易出现心情抑郁的人，这种方法也有助于调节心情，不过，这都需要你坚持去做。

最后，当你真正做到自制的时候，你可以自我奖励一番，当你能坚持一段时间的时候，你可以及时肯定自己，然后记录进步，在获得某种成就感之后，你会找到继续努力的动力。如果你试试，并且多一些坚持，你将发现，生活着、工作着，是多么轻松有趣的事情！

别傻了，拖延真的能保护你吗

我们都知道，拖延是一种不良的行为习惯，然而，任何人的拖延行为其实都是在一定的内因驱使下形成的。我们周围有这样一些聪明的人，无论是生活还是工作中，只要是与人打交道，他们总是会在看清楚他人的“招数”前拖延一段时间，因为他们坚信“谁先出手，谁就失利”。这类人拖延的内在动因是保护自己。

杨青就是这样一个人，他并不懒惰，却喜欢拖延，用他的话说就是：“我觉得人生就是一盘棋局，谁先出棋，谁更容易被看破。无论是工作还是生活，我都会慢半拍，在我搞清楚别人的想法之前，我会把自己的手放在胸前，不让别人看清楚我的心。如果我看到一个心仪的女孩，我不会热情地追求她，因为假如她对我没兴趣，那么我再努力也是徒劳，我会等待她先对我表达好感，我不打没把握的仗。我不会主动提出工作调动，因为我不想让别人看清楚我对什么部门最感兴趣。我也不会针对什么事情立即作决定，因为那样会被别人看清楚我的想法，进而从中捞到好处，要知道，我们周围到处都是这样猜来猜去的游戏……”

想必，在我们的生活中，带有这样的心理的人不少。在他们需要作决定的情况下，他们认为拖延能起到保护自己的作用，因为这样别人就看不清他们的想法，也就不会采取立即的制约措施。也就是，他们认为，捉摸不定更能让他们产生安全感，而一旦暴露自己，就好比成为别人宰割的对象。

事实上，我们的一生，越是拖延，越是四处躲避，越是让我们殚精竭虑，越是让我们忧心忡忡，我们总是在担心会被他人算计，总是提心吊胆，这样真的会有安全感吗？任何一个处于自我保护状态下的拖延者的经历告诉我们，有时候，主动出击更能赢得主动权。与其总是猜测他人的想法，还不如先走出去，随时作好最坏的打算，这样才会更有安全感。这样，你也会在最快的时间内看清楚谁是和你站在同一阵营内的朋友以及谁是敌人，而不是空耗生命。另外，你的需求也会被他人知晓，关爱你的人也会出现。其实，很多情况下，人与人之间隔阂的加深就是拖延造成的。

小荣已经毕业6年了，从刚毕业的时候，她就一直开始在这家公司的客服部门工作，功夫不负有心人，几年的努力换来了一个主管的职位。正因为她是从大学生过来的，从刚踏上社会起，她就一个人打拼，也没有人帮助她，所以，她对那些新来的职员都特别好，能帮上的她都义不容辞。

就在小荣当上主管不久，客服部来了一个新手，是个很单纯的女孩，刚好是和小荣一个大学毕业，这下子小荣更加怜惜。而且，那女生很听话，办事能力也很强，无论是小荣交代做的、没交代做的，她都能做得很好，不懂的也不厌其烦地问，小荣仿佛看到了当年的自己，她把那女孩当亲妹妹一样照顾。由于小荣的力荐，上司对女孩的表现也很满意。可是小荣没想到的是，这女孩居然以德报怨，出卖了她。事情是这样的：

经过几个月的相处，小荣对女孩已经是无话不说，那时候直接领导小荣的还有一个上司，这个上司为人还好，就是在业务上能力有点差，小荣对她倒也没什么意见，就是闲聊时和这个女孩随便说了几句。

有一段时间，公司客服部频频接到投诉电话，为了解决这一问题，小荣作为主管，制订了新的客服计划，本来在会议上都已经通过了，第二天她的上司却通知她计划取消。当时，小荣很生气，当着全体员工的面通过的事情，怎么说取消就取消呢？她很想向上司发火，说几句顶撞的话。不过几年的功夫没白练，她忍住了。她敲开了上司的门，走了进去，很耐心地问："我想知道原因。我觉得这个方案真的不错！"

上司看了她一眼："你是不是翅膀硬了，觉得自己能力已经在我之上了？"小荣一愣，想起了前天对那个女孩说的话。根据她多年的经验，她意识到是自己被出卖了！于是她稳住了自己说："每个人都有自己的特点，在策划上您可能没有我强，在管理上，我却没有您有能力！这就是为什么您是领导，我是下属。"这话领导听了，还挺受用。领导看了小荣一眼，叮嘱她说："你不要光顾着工作，要小心身边的人。"

小荣是聪明人，当然明白上司这话是什么意思，她同时也知道了，自己的策划被通过了。但是关于那个女孩，她并没有怪罪于她，她觉得这个女孩还是不聪明，因为她很快就知道了女孩两面讨好的用心。

案例中的主管小荣和领导之间的误会就是他人挑拨的，而庆幸的是，这一误会在小荣主动开口后解释清楚了。假如小荣一直不澄清这个误会，也许就会因为中了同事的离间计而与上司为敌了。

可见，这种情况下的拖延并不会起到自我保护的作用，相反，它还会吞噬人与人之间的信任，让我们失去友谊、关心等。

一些自作聪明的人还以为拖延还能帮助我们复仇，比如，我们被某个人伤害、欺负了，那么，在再次交锋的时候，我们的拖延会让对方感到苦恼。比如，你的上司在一次工作中批评了你，你怀恨在心，前一天，他需要一份工作季度销售报告，这一任务他交给了你，今天早上，他急需这份报告参加公司高层会议，你却借口推脱称报告未完成，此时，你是多么希望看到他在大会上出丑的表情！然而，你的目的真的达到了吗？这样做只会让你成为他的正面敌人，职场人士与上司内斗最终失利的只有员工！任何一个有经验的职场人士都会给我们一个忠告：绝不要与上司作对！

总的来说，我们需要更正一个观点：拖延并不一定真能起到保护自我的目的，真正的安全感是随时为危险作好准备，而不是逃避危险。

借口总是拖延的挡箭牌

人生在世，每个人都必须具备责任感，这不仅是对他人负责，也是对自己负责。而借口与托词，则是责任的天敌。然而，在我们的生活中，总是在为自己的拖延行为找借口的人到处都是，这就是不负责任的表现。当他们接收到任务以后，并不是立即、主动地处理，而是不断地拖延，并为自己的拖延找借口，致使工作无绩效，业务荒废。可想而知，这样的人怎么可能有工作和事业上的突破？

习惯性拖延者总是能为自己找出各种各样的借口，我们也总是能看到很多借口的影子：

“因为我资源不足，所以我做不了。”

“我没有完成这些工作，是因为这段时间太忙，毕竟我是一个人，不是机器。”

“我没有做好，是因为我从来没有受过这方面的培训。”

“如果其他人能好地配合我的话，我想我会完成的。”

……

无处不在的借口，像空气一样弥漫在我们周围。借口变成了拖延的一面挡箭牌，事情一旦没完成，就能找出一些冠冕堂皇的借口，以换得他人的理解和原谅。找到借口的好处是能把自己的懒惰掩盖掉，心理上得到暂时的平衡。但长此以往，因为有各种各样的借口可找，人就会疏于努力，不再想方设法地争取成功，而把大量的时间和精力放在如何寻找一个合适的借口上。

有命令就要去执行，这是我们每个人都应该遵循的做事准则。因为懒惰，你的那些借口能为你带来一时的安逸和些许的心灵慰藉，但是，它们也会让你付出更昂贵的代价。

徐翔是某机械公司的员工，已经有5年的工作经验了，5年来，他一直与单位的同事相处融洽，与领导也相安无事。可是，这天，他失控了，居然与领导拍桌对骂。

其实，对这一点，同事和领导都没觉得意外，因为徐翔对待工作实在太马虎了事了，无论做什么事，都是一拖再拖，经常还会耽误其他人的工作。其实，原来的徐翔并不是这样的，他的改变是从一次意外事故后开始的。那天，徐翔上夜班，可能是因为太困了，一不小心从架子上摔了下来，幸亏架子不高，腿只是有点轻微的骨折，到现在，徐翔走路也早已看不出来异样。

从那以后，领导安排徐翔什么事情，他都借口自己的腿不方便，毕竟是因为工作出的意外，领导也不好说什么。

然而，时间久了，领导也对他有意见了。一天，他还是和往常一样，比正常上班时间晚了半个小时来到单位，到了以后，他却接到一个电话，主任安排他随兄弟部门的车下乡去一趟。于是，原本准备上楼的他就在单位门口等车。可是，一个多小时过去了，却没见到车的影子。于是，他就给主任打电话。谁知道，下乡的车已经早开走了。他立即打电话给主任说明情况。对此，主任说："那你为什么迟到呢？"

徐翔赶紧来到主任办公室，想当面向他解释清楚。主任却说："今天，你必须得去。要不然就自己坐公共汽车去。"说完，又忙自己的了。徐翔的怒火"腾"的一下蹿得更高了。这明摆着就是在惩罚自己，而自己错在哪儿了？"我不去"，他冷冷地说。“嘭”，主任猛地一拳捶在桌上，咬牙切齿地说：“今天你去得去，不去也得去。”徐翔气急了，也砸了一下桌子。

这一瞬间，主任吃惊地望着徐翔，这时，主任办公室外也已经挤满了来看热闹的人。

从那件事以后，好像主任有意冷落徐翔，他把办公室能处理的事情都交给别人做，这让徐翔寝食难安。最后，徐翔还是决定辞职，因为这家公司他确实待不下去了。

这则职场故事中，职员徐翔总是拿曾经因工受伤这一借口拖延工作，因为拖延，他也与领导产生了嫌隙，最终只得辞职。

在做事的过程中，经常找借口的后果就是养成拖延的坏习惯，初始阶段，也许你会有点自责，但随着拖延次数的增加，你会变得盲目，甚至到最后，你也认为自己做不到的原因正是借口中所说的原因。

在很多人羡慕的美国西点军校，“保证完成任务”是学员们的标志性话语。“保证完成任务”决不是一句简单的口号，它是一名军人对命令的承诺，它是勇士对责任的崇敬，它是全世界的军人、战士对理想的执着。在西点军校中，任何命令都是言必信、行必果的军令状，只有执行，没有任何借口。因为西点军人的字典里从来没有“借口”两字，在执行任务中，遇到困难总是想尽办法克服困难，不惜一切代价坚决完成任务。

在墨西哥城的一个漆黑的夜晚，来自坦桑尼亚的奥运马拉松选手艾克瓦里吃力地跑进了奥运体育场，他是最后一名抵达终点的选手。

其实，这场比赛早就宣告结束，优胜者也早就领了奖，因此艾克瓦里一个人孤零零地抵达体育场时，整个体育场已经几乎空无一人。埃克瓦里此时双腿绑着绷带、染满了血，他努力地绕完体育场一圈，跑到了终点。在体育场的一个角落，享誉国际的纪录片制作人格林斯潘远远看着这一切。在好奇心的驱使下，格林斯潘走了过来，问艾克瓦里为什么要这么吃力地跑到终点。

这位来自坦桑尼亚的年轻人吃力地说："我的国家从两万多千米之外送我来这里，不是叫我在这场比赛中起跑的，而是派我来完成这场比赛的。"

这是让人振奋的一句话：没有任何借口，没有任何抱怨，职责就是他一切行动的准则！处在平凡岗位的人们，或许你经常感叹：为什么成功的机遇总是不光顾你？为什么领导不愿意让你担当重大事件的处理工作？为什么同事们不愿意信任你？那么，不妨从现在开始反省，你是否有拖延、找借口的习惯？如果有，就从现在开始，彻底把借口从你人生的字典中永远剔除，立即执行吧。我们要从以下3个方面努力：

1. 要克服懒惰，选择行动

一个人之所以懒惰，并不是因为能力不足或信心缺失，而是在于平时养成了轻视工作、马虎拖延的习惯，以及对工作敷衍塞责的态度。要想克服懒惰，必须要改变态度，以诚实的态度、负责敬业的精神、积极扎实的努力，才能做好工作。

2. 要端正态度，直面责任

在工作中，要始终保持平常心态，“不以物喜，不以己悲”，不以缺点、挫折而自弃，不以成绩、成功而自豪，并尽职尽责地对待工作中的每一件事情。

3. 要没有借口，立即行动

工作的最终目的就是把工作做好，在相应的时间里实现最大的效益，任何的借口和拖延都将成为工作的敌人。工作的选择、工作的态度、工作的热情都建立在立即工作和立即行动上，只有行动才会让这一切变成现实。

别自欺欺人了，拖延后真的刺激吗

我们在工作中，常常听到一些领导者鼓励下属：“有压力，才会有动力。”诚然，某些压力下，人们能挖掘自身潜力，但如果你是一名拖延者，你绝不能以此作为拖延的理由。你可能会以为，将工作拖至最后、在剩下几个小时的时间内加班能聚精会神，效率非常好，你认为这是一件非常刺激的事，但你在最后完成的工作成果真的让你感到满意吗？你真的能在规定时间内完成吗？万一出现突发状况怎么办？

美国特拉华州大学的心理学家在研究人们拖延产生的心理原因时，提出了一个名词——寻求刺激，他们认为，一些人会享受拖延带来的劣质快感，这些人喜欢在高压下做事，每当他们肾上腺素上升的时候，他们感觉十分刺激，那事实又是如何呢？这些人根本不可能很好地完成任务。

其实，人们真正享受的并不是集中精神工作的快感，而是在剩余不多的时间内的焦虑感，他们并没有把自身内在的潜力逼出来，只是通常会草草结束手上的工作。

事实上，无论是谁，如果不改掉拖延的毛病，都必须要承受一定的代价。所以，为何不立即动手、踏踏实实地工作呢？如果你能现在就办，相信你享受的才是充实的快乐。

米勒是一家外企的市场部经理，他的工作直接或间接地影响到市场部门乃至全公司的人，他总是忙得不可开交，想找点时间度假非常困难，可是他的工作从来也没有干完过。他因此接受了一位效率专家的建议，从此，他的时间变得宽裕多了。

米勒说："现在我不再加班工作了。我每周工作50至55个小时的日子已经一去不复返，也不用把工作带回家做了。我在较少的时间里做完了更多的工作。按保守的说法，我每天完成与过去同样的任务后还能节余1个小时。

"对我有极大帮助的另一点是'现在就办'的概念。我使用的最重要方法是制订每天工作计划。现在我根据各种事情的重要性安排工作顺序。

"我有意识地尽力克服工作上的拖拉现象。首先完成第一号事项，然后再去进行第二号事项。过去则不是这样，我那时往往将重要事项延至有空的时候去做。我没有认识到次要的事项竟占用了我的全部时间。现在我把次要事项都放在最后处理，即使这些事情完不成我也不用担忧。我感到非常满意，同时，我能够按时下班而不会心中感到不安。”

米勒的时间管理方案是有效的，而根据他的说法，他节省时间的方法就是立即处理，拒绝拖延。

人类的天性中有很多缺点，成功者之所以成功，就是因为他们多半能克服这些缺点，反之则沦为平庸者。当然，任何习惯的改变都相当困难，它意味着不适与缺陷。这些不好的天性中，就包括拖延。由于拖延而造成不良后果的事件很多，你是不是常有这样的经历：某天，你因为拖延必须加班，你认为自己的策划案充满创意，第二天，你将满以为做得完美的工作交上去，谁知道被领导一顿痛批，于是，你只好重新来过；周一早上，你睡到很晚才起来，于是，你急匆匆吃完早饭，拿起公文包就往公司赶，到了公司才发现，原来一份重要的文件落在了家；身为学生的你，每周末总是到周日晚上才开始准备周一要交的作业，结果因为时间不够只好抄袭其他人的，你的学习成绩也总是不能提高……在这些反反复复的过程中，你失去的是什么？是宝贵的时间！

我们再来作个假设，每天早上，我们早起一个小时，安排好一天的工作和生活，吃个早饭，锻炼好身体，精神抖擞地去上班，你会发现，你充满了精力，即便平时看起来难做的工作，好像也变得轻松了许多。认真工作的结果就是，你节省了时间，得到上级和同事的信任。与匆匆忙忙、一团糟的生活相比，你更倾向于哪种？

拖延的毛病容易给人带来麻烦，不但影响你的学习成绩、升学考试、就业升职，还有可能给人们的生活带来不幸，但最直接的就是浪费时间、耗费生命。同一件事，拖延者所花费的时间远比立即行动者多得多。拖延从表面上看似乎不是什么大毛病，但若不及时纠正，直接影响到我们的一生。一位父亲告诫他的孩子说："无论你以后做什么样的工作，都要做到勤奋努力、全力以赴。要是你能做到这一点，你就不必担忧自己没有好前途。你看这世界上，到处都是散漫、粗心的人，做事善始善终的人是供不应求、深受欢迎的，只有认认真真做事的人才是未来竞争的成功者。"

这位父亲的话是有道理的，一个人的成功并不在于他在做什么，而在于他有没有做到最好、做到位。成功者之所以成功，就是因为他们具备一个品质，比别人起得早、睡得晚。因此，我们在学习、生活和工作中应该以更高的标准要求自己，比别人先着手，就赢得了更多的时间。

所以，任何一个企图从拖延中获得快感的人都要认清一点：做任何事都没有捷径！学习一下那些本本分分工作的人吧，不迟到、不早退、不磨洋工，上班了立即动手做事，下班了踏踏实实享受快乐，这样的态度，虽然看起来并不刺激，却能抓住踏踏实实、稳重的幸福，长此以往，你的能力也会获得质的升华。

20世纪80年代，有这样一个工人，他初中学历，他的上司总是对他说“这事要这么做”，无论上司说什么，他总是一一记下，生怕漏了什么。每天，他的话都不多，总是埋着头在做他自己的事，双手黏黑，额头流汗。无论上司布置什么任务，他都日复一日，不厌其烦地认真完成。在工厂里他毫不显眼，一直默默无闻，但从无牢骚，也从无怨言，兢兢业业，孜孜不倦，持续从事着单纯而枯燥的工作。

20年后，当曾经那位工厂的领导再次回到厂子与他见面时大吃一惊，当那么默默无闻、只是踏踏实实从事单纯枯燥工作的人，居然当上了事业部长。关键是，令领导惊奇的不仅是他的职位，而且言谈中他体会到，这位工人已经是一个颇有人格魅力且很有见识的优秀的领导。“取得今天这样的成就，你很棒！”

这位工人看上去毫不起眼，只是认认真真、孜孜不倦、持续努力地工作。但正是这种坚持，使他从平凡变成了非凡，这就是坚持的力量，是踏实认真、不骄不躁、不懈努力的结果。

5个步骤帮你摆脱拖延的借口

如果你的身边有拖延者，只要你细心去找，就会发现，对于他们来说，总是有这样那样的借口，借口成了一面挡箭牌，某件事一旦没完成，就能找出一些冠冕堂皇的借口，以换得他人的理解和原谅。找到借口的好处是能把自己的过失掩盖住，把应该自己承担的责任推卸掉，心理上得到暂时的平衡。但长此以往则有害而无益。借口给人带来的严重危害是让人消极颓废、行动拖延，久而久之，这种消极的态度会剥夺个人成功的机会，最终让人一事无成。优秀的人从不在工作中寻找任何借口。因为他们知道，寻找借口的恶习一旦养成，失败也就接踵而来。杰出人士与平庸之辈最根本的差别，并不在于天赋，也不在于机遇，而在于是否具有成功的态度。这种态度就是失败了不找借口，而是反躬自省，从自己身上找原因。

庆幸的是，对于很多人来说，他们已经认识到找借口对于高效行动和克服拖延症的负面影响，他们也在积极寻找解决这一问题的方法。为此，我们总结出了5个步骤：

第一步：找出工作中那些你总喜欢为自己的拖延行为开脱的借口。

人们的拖延行为形态各异，所找出来的借口也纷繁复杂，不过我们经常能听到的集中借口是：

1. “我太忙了”

在很多公司或企业，我们总是能听到这样的对话：

“杰克，我交给你的任务进展如何？”面对领导的问题，回答一般是这样的：“着手在做了，只是最近太忙了，我还得处理其他好几个工作。”或者：“真不好意思，我还没开始呢，太忙了最近，你知道我还得做……”

“小李，你去帮我查一下李先生最近什么时候有空，帮我约一下他，有笔业务要谈。”“对不起主管，我手头事情太多了，你找小张吧。”

也许“忙”是我们最容易说出口的借口，也最容易被人理解，然而，不知你是否意识到，你太忙，只能说明你工作效率低、工作不称职，如果你实在做不好，总有人会代替你。还是想想怎么在不说出忙的借口下努力增强你的执行力吧！

2.“为什么不早跟我说”

很明显，这是被人们称为马后炮的借口。这样一句话，很轻松地就把责任推卸到他人身上，这个人很有可能是你的上司，他并不愿意听到你这样的借口，在对你失望后，他可能会选择其他人去做这件事。

“我下午要开会，把上个季度的销售业绩表拿给我。”

“您怎么不早说，就剩一两个小时了。”

3.“这件事不归我管”

在企业内部，这种推卸责任的话经常会充斥在我们耳边，这是一种缺乏团队精神的表现，这种人通常都会被团队排斥在外。

4.“等老板回来再说吧”

要知道，老板终究是老板，老板日理万机，分身乏术，他聘请员工回来就是为自己解决问题的，而不是将问题都推回给自己，如果你总是用这样的借口推脱责任，那么，最终你只能被炒鱿鱼。

当然，我们做事拖延的借口还有很多，每个拖延者惯用的借口也不一样，但无论如何，请把这些借口写下来，然后在下次行动的时候告诫自己绝不可再以此为挡箭牌。

第二步：付诸行动，用理性克服拖延行为。

找到自己常用的借口，还需要真正用行动来戒除。尝试着每次在接到任务的时候说“我马上去做”吧。这句话会督促你去实施。然后你需要一个行动计划，最主要的是，一定要在计划中限制你的完成日期。

诺斯古德·帕金森是英国著名的历史学家，他在分析了为何“大型组织大而无当，毫无生气”时，指出：“事情增加是为了填满完成工作所剩的多余时间。”这个定律告诉我们，工作效率低，是因为我们给了这个工作太多的时间。

帕金森描述了一位老太太花了一整天时间，寄一张明信片给她侄女的过程：花一个小时找那张明信片；花一个小时找眼镜；花半个小时查地址；花一个半小时写明信片；用20分钟考虑寄信时要不要带伞。就这样，一个人只需花3分钟就能干完的事情，却让另一个人花了一整天时间才干完，并且犹豫不决、疲惫不堪。

从这个实验中，帕金森得出结论：做一份工作所需要的时间、精力、资源，与工作本身并没有太大的关系，一件事情的重要性和复杂性，与完成这件事花的时间成正比。换句话说，如果你给自己太多时间完成一件工作，那么，不仅不能提高效率，反而会容易使你变得懒散，缺乏工作激情。

第三步：融合和强化你的执行力。

这个阶段，你的执行力已经得到一定程度的增强，但偶尔你还是会有拖延的想法，因为在执行的过程中，确实出现了一些难度，为了避免产生放弃的念头，你必须要强化你的执行力。为此，为了克服畏难情绪，你要规定自己首先处理一些重要事务。

我们每天都要处理很多事务，对此，很多人认为，先处理那些不紧要的事务，会起到激励自己的作用，实际上，这种想法是错误的，把最紧要的拖到最后来干，你会发现，经过一天疲惫的工作后，你已经没有精力和时间来完成它了。

而我们之所以有这样的想法，实际上是因为有畏难情绪，是有意识地回避那些重要的、难度大的工作。因此，我们一定要克服这样的心理倾向，首先着手最重要的工作，用足够的时间精力来处理它，并把它办好。

第四步：接受不完美。

如果你是个完美主义者，在每次行动前，你是否都习惯规划整件事，然后将每个细节都考虑在内？但最终，你白白浪费了时间，延误了开始的时机。其实，与其有个完美的开始，不如有个完美的解决，很多时候，把事情做完远比把事情做得完美更适当。

第五步：持之以恒，形成良好的做事习惯。

这是摆脱拖延症借口的最后一个阶段，最重要的是需要我们的坚持。很多事情，只要你坚持去完成，你就能做成。

第6章

找回你的自制力，养成勤劳好习惯

日常的生活和工作中，我们经常听到“习惯”一词，比如，“你这个人的习惯不好”“我怎样才能改正赖床的习惯”等。所谓习惯，指的是人们成长过程中，在很长一段时间内逐渐形成的一种行为倾向。从某种意义上说，“习惯是人生最大的指导”。著名心理学行为主义学派认为，一个习惯的培养平均需要二十一天左右，只要我们认真去做，就等于说我们吃了二十一天的苦，却得到了一辈子的甜，这是一个很值得和很高效的事情。因此，我们不妨制订出一个切实可行的计划，坚持二十一天，如此，我们就能获得受益一生的好习惯。

持之以恒，培养好的习惯

任何一个习惯一旦养成，它就是自动化的，如果你不去做反而会感觉很难受，只有做了才会感觉很舒服。因此，关于好习惯的培养，你不妨给自己订一个计划，然后用日程本记下自己执行计划的过程。如此，21天后，你将养成好习惯，坚持21天，你就会成功。坚持21天，就能改变你的意识，影响你的行为，为你带来超乎想象的成功。你又何乐而不为呢?

那么，生活中的人们，你该怎样主动去培养那些成功的习惯呢?

1. 变懒惰为勤奋

如果你是个懒惰的人，你不妨作出以下改变:

不要天天让家人给你拿碗筷；闲暇时帮家人做点家务；每天整理干净再出门，不要给人邋里邋遢的感觉。学习时，变主动为被动，积极起来……

2. 养成读书的习惯

除了学习书本知识外，你还应多阅读课外书籍，多读书最大的好处是可以增长知识，陶冶性情，修养身心。

3. 让好奇心引导你探求知识

可能你觉得现在的你已经具备了很多知识，但事实真的如此吗？再退一步讲，人生的知识并不是书本上的，你真的对周围的生活和环境以及各个方面都了如指掌吗？如果你觉得自己什么都懂，你多半不会是一个谦虚的人，实际上，越是知识渊博的人越是发现自己知道得少，培养好奇心也可以达到同样的效果，越是充满好奇越是对未知充满敬畏，也就越谦虚。

4. 勇于创新

骄傲自满，你将很快就被超越。而只有进步才能获得更强的竞争力。然而，没有创新就不可能进步。因此，你应该将自己的求知欲望和求知兴趣激发出来，鼓励自己多动脑、动手、动眼、动口，使自己善于发现问题，提出问题，并尝试用自己的思路去解决问题。

5. 要有坚定的决心和持之以恒的毅力

这是老生常谈的话题，但依然重要。那么，如何做到中途不放弃？你要有良好的心态，乐观的精神和自信心。很多人选择目标后又中途放弃，就是因为觉得坚持这么久，没有成果，觉得自己学的没有用。其实，条条大路通罗马，既然选择了自己的路，就要毫不犹豫地走，一直在原地徘徊，犹豫不决，不知是否该前进，只能让时间白白流走而已。

当然，任何习惯的改变和形成，都是艰难的，但只要我们经历一段时间，一旦习惯形成后，它就会成为一种自动化的、下意识的行为反应了。

不狠心，那些恶习怎么能改掉

行为习惯，是人们在很长一段时间内逐渐形成的一种行为倾向。从某种意义上说，“习惯是人生最大的指导”。世界著名心理学家威廉·詹姆士这么说：

播下一个行动，收获一种习惯；

播下一种习惯，收获一种性格；

播下一种性格，收获一种命运！

可见，好的习惯是十分重要的，它可以让人的一生发生重大变化。满身恶习的人，是成不了大气候的，唯有有好习惯的人，才能实现自己的远大目标。这就告诉我们，你若想拥有一个成功的人生，就必须改掉当下存在的一些坏习惯。

我国著名教育家叶圣陶先生也认为，要养成某种好习惯，就要随时随地加以注意，身体力行、躬行实践，才能“习惯成自然”，收到相当的效果。因此，在日常生活中，我们也要注意自己的言行习惯，“行成于思毁于随”，良好习惯的形成，是严格训练、反复强化的结果。

苏格拉底门下有很多学生，他经常带领这些学生四处游历、饱览名山大川。几年下来，这些学生都学到不少知识，有些还成为满腹经纶的学者，为此，苏格拉底感到很欣慰，这些学生自己也认为自己可以顺利“毕业”了。

一天，苏格拉底带领这些学生来到一片旷野上，他让大家在草地上围坐在一起，然后对他们说：“现在，你们已经个个都是饱学之士了，马上可以从我这儿毕业了，但最后一次，我再问你们一个问题。”毕业前，老师问的问题当然很重要了，学生们一个个竖起了耳朵，想听听老师会问什么问题。

“我们现在坐在什么地方。”苏格拉底问他们。

学生们回答道：“旷野。”

苏格拉底又问：“这里长了什么？”

学生们答曰：“草。”

苏格拉底说：“是的，你们都回答这里长满了草，那么，接下来，我要问的是，你们要用什么办法，才能清除掉这些杂草？”

这是哲学问题吗？一向严谨的老师，怎么会问这么简单的问题？拔除杂草明明是农民才应该需要思考的问题啊！学生们都对苏格拉底的问题感到很好奇，但他们还是按照自己的想法一一作答。

“这个问题太简单了，用手拔掉就行了吧。”一名学生抢先开口。

另一个学生答道：“用镰刀割掉，那样会省力些。”

第三个学生回答得更为干脆：“用火烧更彻底。”

苏格拉底从草地上站起来，清了清嗓子，然后说：“那么同学们，现在你们就按照自己的方法，划定一片区域，将各自区域的杂草清除掉，明年，我们再来看看自己的战果，看看谁的方法更有效。”

约定的时间到了，一年后，所有的学生都齐聚在这片曾经长满杂草的地方。令他们高兴的是，这里再不是杂草丛生，虽然依然有很多参差不齐的杂草在风中摇摆。然后，苏格拉底带领他们来到另外一块地方，这里不是学生们除草的范围，这里没有杂草，而是长满了旺盛的麦苗，学生们凑近一看，看到了一块木牌，那是苏格拉底的笔迹，上面写着：“要想除掉旷野里的杂草，方法只有一种，那就是在上面种上庄稼。”

学生们恍然大悟。

用麦苗根除杂草是一种智慧。我们在培养习惯时，是否可从苏格拉底那里得到领悟借鉴呢！好习惯多了，坏习惯自然就少了。

有专家说：“养成习惯的过程虽然是痛苦的，但一个好习惯的养成，将是我们终生的财富。”因此，短时间的痛苦，又算得了什么？此外，任何一个习惯一旦养成，它就是自动化的，如果你不去做反而会感觉很难受，只有做了才会感觉很舒服。因此，关于好习惯的培养，我们不妨给自己订一个计划，然后用日程本记下自己执行计划的过程。那么，21天后，你将养成好习惯，坚持21天，你就会成功。坚持21天，就能改变你的意识，影响你的行为，为你带来超乎想象的成功。你又何乐而不为呢？那么，阻碍我们成功的恶习有哪些呢？

1. 自制力不强

这是一个循序渐进的过程，因为自制力的形成不是一蹴而就的，也不是下了决心就能获得的，这是一个长期的过程。

拿学习来说，如果你决定从明天起好好学习，要每天学习10个小时以上，那么，你很可能因为没有实现目标而气馁，而如果你先给自己定一个较为合理的目标，比如，你可以在第一周时每天学习一个小时，少玩15分钟，倘若做到这一点的话，第二周每天学习一个半小时，少玩20分钟，再做到这一点的话，就可以每天学习2个小时，少玩30分钟。慢慢地，你会发现，自觉地学习已经成为了你的一种习惯，而自制力也自然而然地形成了。任何坏习惯的改变或好习惯的形成都可以采取这个方法。

请记住，循序渐进，有利于培养自己的自信心，并且不会给自己造成过大的心理压力，从而能轻松地锻炼自制力！

2. 准备不足

一些人在尝试中失败了，并不是因为他们缺乏勇气，而是因为准备不足。因此，从现在起，无论你对自己的评估如何，都不要掉以轻心了。

3. 不能坚持到底

你也想努力做一件事，如钻研某件乐器，搞好学习等，但往往你最终不能成功的原因是中途退缩。如果你不能在年轻时就克服这一坏习惯，那么，它会影响到你的一生。

4. 不吸取教训

成功者之所以成功，并不是因为他们杜绝了所有的错误，而是因为他们能从错误中吸取教训，不断改正错误；而失败者之所以失败，是因为他们常常重复错误。的确，很多时候，从错误中学到的东西常比成功教我们的更多，犯了错却不吸取教训，白白放弃如此宝贵的受教育机会，实在可惜。

总之，习惯的养成，并非一朝一夕之事；而要想改正某种不良习惯，也常常需要一段时间。根据专家的研究发现，21天以上的重复会形成习惯，90天的重复会形成稳定的习惯。所以一个观念如果被别人或者是自己验证了21次以上，它一定会变成你的信念。

好习惯是严格训练、反复强化的结果

我们都知道，习惯的力量是惊人的，它可以让你做出令人吃惊的事情。一旦某种行为变成了习惯，当你重复这种行为时，感觉很顺畅；当你做出违背习惯的行动时，你会觉得十分不痛快。好习惯、坏习惯都如此，可是有一句话：“学好难，学坏易。”当你养成坏习惯，想改掉它是一件需要下功夫的事情。同样，养成好习惯也是如此。如果你放弃了，那么，这证明你的自控力不强。

行为心理学研究表明：21天以上的重复会形成习惯；90天的重复会形成稳定的习惯。即同一个动作，重复21天就会变成习惯性的动作；同样道理，任何一个想法，重复21天，或者重复验证21次，就会变成习惯想法。所以，一个观念如果被别人或者自己验证了21次以上，它一定已经变成了你的信念。也就是说，在21天内，如果你能控制住自己，那么，你就能成为习惯的主人，而如果你无法控制住自己的行为，你就会功亏一篑。

然而，良好习惯的形成是严格训练、反复强化的结果。

美国著名数学家维纳在回忆父亲对他早期学习习惯的严格训练时说："代数对我来说没有什么困难，可父亲的教学方法，使我的精神不得安宁，每个错误都必须纠正。他对我无意中犯的错误，第一次是警告，是一声尖锐而响亮的'什么'，如果我不马上纠正，他会严厉地训斥我一顿，令我'再做一遍'。我曾遇到不止一个能干的人，可是他们到后来一事无成。因为这些人学习松懈，得不到严格纪律的约束。我从父亲那里得到的正是这种严厉的纪律训练。"父亲严格的训练，终于使维纳养成了良好的学习习惯，以后成为誉满全球的科学巨人。

这里，维纳严谨的学习习惯，就是来自于他的父亲一点一滴严厉的教导。

的确，懒惰是最大的罪恶，上帝永远保佑那些起得最早的人。任何一个成功者，都是利用有限的时间学习最多的东西。

在他们之中，没有人闲散偷懒，甚至没有人会容忍偷懒的行为。我们养成好的习惯，就是要让勤勉变成一种自觉的行为。

我们在改变拖延习惯的过程中，也一定要严格要求自己，决不允许自己有怠惰的行为。

因此，我们可以说，习惯的形成，关键在于你自己的观念问题，从晨起的第一眼开始，多督促自己，你就会看到成效，具体来说，你可以做到：

1. 起床要迅速

赖床是一种拖延行为，你的确可以多睡半个小时，但接下来，无论是起床锻炼身体，还是为自己做个营养的早餐，这些安排都无法实现，你的生活也会被打乱了，因此，无论你想纠正什么坏习惯或者养成什么好习惯，都是从一个好的起床习惯开始的。

2. 吃一个营养的早餐

现代社会，很多人因为忙碌而不吃早餐或者草草吃个早餐，实际上，一个营养的早餐才是最重要的，无论你接下来有什么工作和学习计划，没有充足的体力，都会影响到它的效果。如果你觉得时间不够，那么，你不妨早起一点。

3. 做好一天的规划

你需要多培养时间观念，合理地安排时间（即使安排玩的时间也要有个度），并且制订一个目标，有目标地去学习、做事情。

总之，所有事物发生改变的前提都是要进行一定的量的积累。好的习惯的产生就需要我们不断地进行自我优化，不断地改正所谓的缺陷，通过一段时间的坚持从而达成质变。而作好一天的计划能强化我们的自控意识，帮助我们坚持完成任务。

总之，你若希望拥有一个成功的人生，你就必须养成良好的行为习惯。因为我们的习惯就像是走路，如果你选择了好的行为习惯，也就是选择了一条正确的道路一直走下去。

当然，好习惯的养成，并非一朝一夕之事；而要想改正某种不良习惯，也常常需要一段时间，因此，我们不必操之过急。

克服惰性，养成勤勉的习惯

生活中，每个人都有懒惰的心理，这是人类的天性。只是有些人能克服自己的惰性，并能以勤奋代之，最终取得成功；而有些人则任由懒惰这条又粗又长的枯藤来缠着自己，阻挡着自己的前进。前者就是那些有自控能力的人。从古至今，我们发现，任何一个能尽全力做到勤奋的人都能最终取得成功。因此，每个渴望成功的人，也都应该勤奋做事，对自己的工作尽职尽责，绝不偷懒。

生活中的你如果是一个懒惰的人，那么大部分时间都被浪费，你无所事事，即便是做一件事情，也是担心这个担心那个，或者找借口推迟行动，结果往往错失了机会和灵感，到了最后，你只能去羡慕那些因为勤奋而获得财富的人。

拖沓、懒散的生活和工作态度，对许多人来说已经是一种常态，要想有所成就，我们就应该克服惰性，努力让自己变得勤勉起来。

莫泊桑是19世纪法国著名作家。他从小酷爱写作，孜孜不倦地写下了许多作品，但这些作品都是平平常常的，没有什么特色。莫泊桑焦急万分，于是，他去拜法国文学大师福楼拜为师。

一天，莫泊桑带着自己写的文章去请福楼拜指导。他坦白地说："老师，我已经读了很多书，为什么写出来的文章总感到不生动呢？"

"这个问题很简单，是你的功夫还不到家。"福楼拜直截了当地说。

"那怎样才能使功夫到家呢？"莫泊桑急切地问。

"这就要肯吃苦，勤练习。你家门前不是天天都有马车经过吗？你就站在门口，把每天看到的情况，都详详细细地记录下来，而且要长期记下去。"

第二天，莫泊桑真的站在家门口，看了一天大街上来来往往的马车，可是一无所获。接着，他又连续看了两天，还是没有发现什么。万般无奈，莫泊桑只得再次来到老师家。他一进门就说："我按照您的教导，看了几天马车，没看出什么特殊的东西，那么单调，没有什么好写的。"

"不，不不！怎么能说没什么东西好写哟？那富丽堂皇的马车，跟装饰简陋的马车是一样的走法吗？烈日炎炎下的马车是怎样走的？狂风暴雨中的马车是怎样走的？马车上坡时，马怎样用力？马车下坡时，赶车人怎样吆喝？他的表情是什么样的？这些你都能写得清楚吗？你看，怎么会没有什么好写呢？”福楼拜滔滔不绝地说着，一个接一个的问题，都在莫泊桑的脑海中打下了深深的烙印。

从此，莫泊桑天天站在大门口，全神贯注地观察过往的马车，从中获得了丰富的材料，写了一些作品。于是，他再一次去请福楼拜指导。

福楼拜认真地看了几篇，脸上露出了微笑，说：“这些作品，表明你有了进步。但青年人贵在坚持，才气就是坚持写作的结果。”福楼拜继续说：“对你所要写的东西，光仔细观察还不够，还要能发现别人没有发现和没有写过的特点。如你要描写一堆篝火或一株绿树，就要努力去发现它们和其它的篝火、其它的树木不同的地方。”莫泊桑专心地听着，老师的话给了他很大的启发。福楼拜喝了一口咖啡，又接着说：“你发现了这些特点，就要善于把它们写下来。今后，当你走进一个工厂的时候，就描写这个厂的守门人，用画家的那种手法把守门人的身材、姿态、面貌、衣着及全部精神、本质都表现出来，让我看了以后，不至于把他同农民、马车夫或其他任何守门人混同起来。”

莫泊桑把老师的话牢牢记在心头，更加勤奋努力。他仔细观察，用心揣摩，积累了许多素材，终于写出了不少有世界影响的名著。

从莫泊桑拜师这个故事中，我们应当有所领悟，功到自然成，成功之前难免有失败，难免有很多不足，然而只要能克服困难，坚持不懈地努力，那么，成功就在眼前。

懒惰体现在两个方面，懒惰的思维和懒惰的行为，可以说，懒惰不仅是一个人成功的大敌，而且，它还是我们不良情绪的源头。在充满困难与挫折的人生道路上，懒惰的人过着极为单调的生活，在他们的生活里，只习惯于等、靠、要，从来不想发现、拼搏、创造，最终，他们不仅错过了多姿多彩的生活，而且将一事无成。

总之，一个人成就的大小取决于他做事情的习惯，克服惰性是做事情的一个重要技巧。我们要想完成既定目标，取得成功，就应该培养勤勉的习惯。一旦养成了这个习惯，“完成目标，马上行动”就会成为一件自然而然的事情。

养成主动汲取知识的习惯，积聚自己的力量

现实生活中，只有一步一个脚印，踏实、不浮躁地学习，才能为成功奠定基础。而实际上，这正是生活中的不少人所欠缺的，有些时候，他们总是怨天尤人，给自己制订那些虚无缥

缈的终极目标。而每一个成功者的成就都不是一蹴而就的，他们成功的不变因素都是努力学习。

著名政治家、科学家乔纳森·威廉斯说：“不管你有多么伟大，你依然需要提升自己，如果你停滞在现有的水平上，事实上你是在倒退。”

CNN电视台名嘴赖瑞金曾邀请了全美40位精英人士参加自己的节目，而讨论的话题是如何迎接21世纪，希望这些精英能给出一些建言。结果他发现，这些精英人物提出最多次的字眼就是“改变”和“学习”。基于这些想法，赖瑞金去了一趟国会图书馆，在那些年龄足有百岁的老式报纸中，他发现，人们在100年前就给出了类似的建言，就连那些字眼都一样。全录公司的首席科学家约翰·西里·布朗提到，将跨越21世纪的人类，首先要学会的是如何去学习，并且学会如何去喜爱学习新事物。曾经有这样一个寓言故事，也说明了这样一个道理：

在一个漆黑的晚上，老鼠首领带领着小老鼠出外觅食，在一家人的厨房内，垃圾桶之中有很多剩余的饭菜，对于老鼠来说，就好像人类发现了宝藏。

正当一大群老鼠在垃圾桶及附近范围大吃一顿之际，突然传来了一阵令它们肝胆俱裂的声音，那就是一只大花猫的叫声。它们震惊之余，各自四处逃命，但大花猫绝不留情，穷追不舍，终于有两只小老鼠躲避不及，被大花猫捉到，大花猫正要将它们吞噬之际，突然传来一连串凶恶的狗吠声，令大花猫手足无措，狼狈逃命。

大花猫走后，老鼠首领施施然从垃圾桶后面走出来说：“我早就对你们说，多学一种语言有利无害，这次我就救了你们一命。”

这个故事提示我们：“多一门技艺，多一条路。”不断学习实则是成功人士的终身承诺。

奥马尔·纳尔逊·布莱德利将军就十分注重文化素养的培养。他认为：“有知识素养，善于思考和处事灵活的士兵，才是最有价值的士兵。”他还曾这样说过：“在西点任教，不仅使我的洞察力更为敏锐，也大大开阔了我的视野和心胸，令我变得成熟。那些年，我开始认真读书，研究军事历史和人物传记，从前人的错误中学到了很多东西。”

的确，知识就是力量，也是使人的精神变得勇敢的最好途径。对此，你可以做到以下几点：

1. 多考虑自己的现在和未来，认识到学习的重要性

实际上，我们都知道学习的重要性，但这些往往是泛泛之谈，并不能起到任何实质性的作用。而一旦将这一想法与自身情况相结合，如根据自己的兴趣树立人生目标和理想，这一想法就具备了可实施性。

2. 树立不断学习的理念

学海无涯，知识是没有尽头的，而同时，现今社会知识更新速度之快更要求你具备不断学习的理念和行动。

3. 付诸行动，坚持每天学习

任何知识的学习都需要持之以恒地坚持才能收到效果，也只有这样，才能不断拓展自己在该领域的认知度和专业度。

总之，没有哪个人可以永远独占鳌头，在瞬息万变的世界里头，唯有虚心学习的人才能够掌握未来，才能获得自己想要的成功。

第7章

培养你的执行力，能说会练真把式

在生活中，相信每个人都有自己的梦想或目标，也就是能指引人们行动的方向，然而，最终能实现自己目标的则是少数，大部分人还是庸庸碌碌一生。究其原因，是很大一部分人缺乏立即执行的精神。然而，很多时候，消除恐惧和解决问题的方法就是痛快地决定并立即去做，只要想做，并坚信自己能成功，那么你就能做成。

立即行动是解决问题的最佳良药

现代社会，无论我们身处职场还是商场，我们都强调高效工作的重要性，然而，一些人面对工作总是选择拖延：面临上级交代的任务，他们只会敷衍了事、拖拖拉拉，这样又怎么能与那些做事果敢、效率高的人竞争呢？心理专家指出，立即行动是拖延症的最佳良药，而如果你也有拖延症，你可以从以下两方面做到调节自我、立即行动：

1. 积极主动，冲破压力

美国钢铁大王安德鲁·卡内基在未发迹前的年轻时代，曾担任过铁路公司的电报员。

有一天，正值放假，但卡内基需要值班。就在这个平凡的值班日，却发生了一件意想不到的事。

躺在椅子上休息的卡内基突然听到电报机嘀嘀嗒嗒传来的一通紧急电报，吓得从椅子上跳起来。电报的内容是：附近铁路上，有一列货车车头出轨，要求上司照会各班列车改换轨道，以免发生追撞的意外惨剧。

这可怎么办？现在是节假日，能下达命令的上司不在，但如果不现在决策的话，就会产生一些不可预料的恶果。时间也慢慢过去了，事故可能就在下一秒发生。

卡内基不得已，只好敲下发报键，冒充上司的名义下达命令给班车的司机，调度他们立即改换轨道，避开了一场可能造成多人伤亡的意外事件。

当做完这一切后，卡内基心里也开始紧张起来，因为按当时铁路公司的规定，电报员擅自冒用上级名义发报，唯一的处分是立即革职。但又一想，这一决定是对的。于是在隔日上班时，他将辞呈放在上司的桌上。

但令卡内基奇怪的是，第二天，当他站在上司办公室的时候，上司当着卡内基的面，将辞呈撕毁，拍拍卡内基的肩头："你做得很好，我要你留下来继续工作。记住，这世上有两种人永远在原地踏步：一种是不肯听命行事的人；另一种则是只听命行事的人。幸好你不是这两种人的其中一种。"

卡内基之所以成功，是因为他有成功者的品质，这一点，在他未发迹时就已经显现出来了。

2. 积极寻找解决方法，立即行动

我们任何人都不是完美的，都不可能将所有事都做到天衣无缝，即便在规划完善的前提下，依然可能会出现一些问题。这时，如何看待问题、如何处理问题，直接考验到我们的应变能力，如果能立即采取补救措施，有可能帮我们转危为安。

事实上，大多数时候，我们遇到的只是一些小问题，但我们没处理好，之所以如此，有时候，是我们自身自乱阵脚而已。不难发现，任何一个做事高效、有时间意识的人，都有很强的处理问题的能力。事实上，工作中偶尔出现一些问题在所难免，焦躁、着急、焦虑都无济于事，任何难题，只有从容应付、找到问题关键，才能迎刃而解。

也就是说，遇到问题时，我们应表现出积极的态度，不要发牢骚、不要辩解、不找借口等，如果此时无法调整心态的话，那么，影响会非常大。我们常常看到，一些人在工作出了问题之后，就把责任推卸给自己的同事、合作伙伴或者下属，这样对问题的解决毫无益处，甚至会延误处理时机。

在英国的麦克斯亚郡，发生过这样一件让人觉得不可思议的事：

有一个妇女，她的丈夫是个疯狂的足球迷，甚至已经影响到家庭生活了。

这名妇女再也无法容忍丈夫对足球的痴迷了，于是，这个妇女便要求生产足球的厂商——宇宙足球厂赔偿她精神损失费10万英镑。

包括法官在内的很多人，听到这名女性的诉讼后，都觉得很好笑，认为这是无稽之谈，不过，最后，这名妇女竟然赢得了官司，因为这位妇女的要求得到了大多数陪审团成员的支持。

不过，对于足球厂商来说，这就是令人头痛的问题了，他们需要支付巨额的赔偿费，宇宙足球厂的老板很是忧虑。

此时，老板找来公关部门的顾问，顾问倒是认为，现在的问题不难解决，那就是因为这名女士的控告，公司损失了很大一笔钱，而如果能通过这次的危机赚一笔钱，问题就解决了。但是，怎么达到要求呢？

于是，他向公司提出了一个建议：

与其在法庭上与陪审团进行无谓的陈述，还不如利用这一离谱的案例，为公司大作宣传，向人们证明宇宙足球厂生产的足球魅力之大。

于是，接下来，他们将精力放到了媒体上，他们找来很多媒体，让他们对公司进行大肆渲染。果然，这场官司经传媒的不断轰炸后，宇宙足球厂名声大振，产品销量一下子就翻了4倍。与损失10万英镑比起来，宇宙足球厂算是因小祸而得了大福。

宇宙足球厂为什么能因祸得福？可以说，这位公关顾问是明智的、冷静的，他看到了问题的关键所在，于是，针对这一问题，他提出了解决危机的方法——借助官司这一免费的宣传手段，从而为企业带来了大量的销路。

另外，我们需要认识到的是，是否能处理问题以及将问题负面影响降到最小，最重要的还是看速度，速度就是效益，一旦问题产生，我们就要明白速度等于一切，一定不能拖延，而应该积极寻找问题出现的根源，还应寻求周围人的帮助，集中一切资源着手解决问题。

不得不说，在我们的现实工作中，一些人在遇到压力时，总是采取逃离、躲避、拖延的态度，他们认为，一切问题会随着时间的流逝而解决。因为他们面对危机的心态通常是：侥幸心理、鸵鸟政策、推卸责任、隐瞒事实，然而，这一妥协的态度不仅无助于问题的解决，甚至会引发更严重的问题。

马上执行，一秒钟也不能耽误

当今社会，市场竞争异常激烈，市场风云瞬息万变，市场信息流的传播速度大大加快。可以说，谁能抢先一步获得信息、抢先一步作出调整以应对市场变化，谁就能捷足先登，独占商机。如果你是一个渴望在竞争中获胜的人，你就应该明白一点，这是一个“快者为王”的时代，速度已成为一个人生存乃至发展的基本法则。而要做到这点，你就要做到立即行动，毫不犹豫，与此同时，你还要着力培养自己的判断力和执行力，以增加成功的可能性。

我们可能都听过拿破仑因为晚了1分钟而兵败滑铁卢的故事。拿破仑十分珍惜时间，他知道，每场战役都有“关键时刻”，能否把握住这一时刻决定战争的胜败，稍有犹豫就会导致灾难性的结局。拿破仑说，奥地利军队之所以不敌法国军队，是因为奥地利军人不懂得1分钟的价值。同样，历史毫不留情地在拿破仑身上重演，在滑铁卢战役中，拿破仑自己就因为晚了1分钟而被敌人打败，就因为这短短的1分钟，拿破仑被送到了圣赫勒拿岛上，成了阶下囚。

生活中，可以说大部分人都很希望成功，但只愿意做很少的努力。而那些成功者之所以会成功，是因为他们即使害怕也会行动，而大多数人正是因害怕而没有作为。

约翰·沃纳梅克——美国出类拔萃的商业家这样说过："没有什么东西你是想得到就能得到的。"成功的人与那些蹉跎人生的人的最大区别，就是行动！如果你能追溯那些成功人士的奋斗之路，你就会感叹："难怪他会做得这么好！"什么样的行动能获得最大的成功呢？是马上行动！生活中的人们，你也不要再感叹时光荏苒了，从现在起，立即行动吧，一秒钟也不要耽误，下一刻也许就是成功！

石油大王洛克菲勒先生曾说过一个抢占石油市场的经历：

在洛克菲勒进军石油界的第三年，炼油商们又在宾州布拉德福发现了一个新油田，于是，负责石油公司输油管业务的丹尼尔·奥戴先生便迅速带领他的团队扑向那个财富之地。

开采石油的那些人已经疯狂了，他们不分昼夜地开采，希望可以带着大把大把的钞票从此离开。也就是说，奥戴先生的管道和工人根本不够用。

此时，洛克菲勒站出来，对奥戴先生提出了建议，希望他能警告那些采油商，因为他们的开采量和开采速度已经远远超过了他们的运输能力，只有减慢开采速度，才不会导致这些黑金变成一文不值的粪土。然而，无论洛克菲勒怎么苦口婆心地劝说，傲慢而争强好胜的奥戴就是不为所动。

就在此时，洛克菲勒的竞争对手波茨动手了，他先在几个重要的炼油基地收购洛克菲勒的炼油厂，接着，他又开始在布拉德福德抢占地盘，铺设输油管道，要将布拉德福德的原油运到自己的炼油厂。

洛克菲勒意识到自己再不出手就晚了，于是，这一天，他来到宾州铁路公司大老板斯科特先生的家里，并直言不讳地把事情的利害告诉了他，但这位斯科特先生也是个固执的家伙，他对波茨的行为表示置之不理。无奈，洛克菲勒决定亲自向自己的这个敌人宣战。

首先，洛克菲勒终止了所有和宾州铁路公司的业务，并且指示他的部下们将运输业务全部转给一直坚定地站支持他的两大铁路公司，并要求它们降低运费和宾州铁路公司竞争，以削弱它们的力量。同时，他命令关闭依赖于帝国运输的所有在匹兹堡的炼油厂。随后，他指示所有处于与帝国公司竞争的己方炼油厂，以远远低于对方的价格出售成品油。

在这样的措施下，斯科特不得不臣服，尽管他很不情愿。

洛克菲勒的措施自然会引发对方的反击，为了打击洛克菲勒，他们把业务转手给洛克菲勒的竞争对手，并且，他们还倒贴给对方很多钱，无奈，他们只好裁员、削减工资，这引发的是工人们的极大不满。最终，这些愤怒的工人一把火烧了几百辆油罐车和一百多辆机车，逼得他们只得向华尔街的银行家们紧急贷款。

就这样，这一年，他们不但没有挣钱，反倒损失惨重。

洛克菲勒的竞争对手波茨先生是个很有魄力的商人，他不愿意妥协，但是他也是个识时务的人，最终，他决定不再与洛克菲勒决斗，而选择了讲和，停止了炼油业务。几年后，他还成为了洛克菲勒属下一个公司里积极勤奋的董事。这个精明又滑得像油一样的油商！

洛克菲勒曾直言不讳地说："成功驯服这些傲慢的倔驴，我的心都在跳舞。"而他之所以能做到这点，就是因为他先人一步的魄力，决不让主动权流落在对手手里。

总之，任何一个人，若渴望获得一番成就，都要有强有力的执行力。因为执行是最重要的，执行力就是竞争力。成败的关键在于执行。

制订计划，目标明确

生活中的你，是否也有这样的感触：你的工作越来越忙了；你出席的会议更多了；你经常你是否在办公桌上吃午饭，甚至于连假期都被占用了……当其他人提起事半功倍这一词时，你是否由衷地感到厌恶？那么，你忙出成果了吗？如果你的回答是否定的话，那只能证明你是在瞎忙。你为什么那么忙？因为你的目标不明确。的确，任何一个忙碌中的人都希望能高效地做事。但要做到这一点，你首先应该做到的就是明确自己到底该做什么。

美国作家福斯迪克说得好："蒸汽或瓦斯只是在压缩状态下，才能产生动力；尼亚拉加瀑布也要在巨流之后才能转化成电力。而生命唯有在专心一意、勤奋不懈时，才可获得成长。"我们要做到勤奋和专心，就要有明确的目标和计划。的确，我们每个人每天都拥有24个小时、86400秒，时间分配给每个人都是公平的，然而这一天时间，我们需要做的事情太多，所以我们必须要学会有的放矢，不盲目做事。

那么，该怎样制订学习目标呢？我们先来看下面的故事：

沙漠中，一位父亲带着3个儿子行走着，他们的目的是猎杀骆驼。

到达目的地后，父亲问大儿子，"你看到了什么？"

大儿子答："父亲、沙漠和骆驼。"

父亲又问二儿子："你看到了什么？"

二儿子答："父亲、哥哥、弟弟、弓箭、沙漠和骆驼。"

父亲最后又问三儿子："你看到了什么？"

三儿子答："骆驼。"

父亲满意地回答道："答对了。"

这则寓言说明确定目标的秘诀就是“明确”。美国的一位心理学家曾经指出：“如果一个铅球运动员在比赛的时候没有目标，那么，他的成绩一定不会很好。如果他心中有一个奋斗目标，铅球就会朝着那个目标飞行，而且投掷的距离就会更远。”这个比喻非常形象，它具体地说明了我们确立目标的重要性。当我们有了一个追求的目标时，才会不懈地努力，向心中既定的目标前进。

人生也不能没有目标，如果没有目标，你就会像一只黑夜中找不到灯塔的航船，在茫茫大海中迷失了方向，只能随波逐流，达不到岸边，甚至会触礁而毁。我们强调做事要立即行动、绝不拖延，但这并不意味着我们可以盲目做事。事实上，如果在无目标下做事，会拖延更多的时间，因为我们需要花时间重新审视自己的行为和方法。

而在做任何一件事前，我们也都必须作好计划，计划是为实现目标而需要采取的方法、策略，只有目标，没有计划，往往会顾此失彼，或多费精力和时间。我们只有树立明确的目标，制订出详尽的计划，才能投入实际的行动，才能收获成就感和满足感。

那么，具体来说，我们该怎么做呢？

1. 制订完善的计划和标准

要想把事情做到最好，你心中必须有一个很高的标准，不能是一般的标准。在决定事情之前，要进行周密的调查论证，广泛征求意见，尽量把可能发生的情况考虑进去，以尽可能避免出现的漏洞，直至达到预期效果。

2. 制订计划时不要超过你的实际能力范围，而且内容一定要详尽

比方说，如果你想学习英语，那么你不妨制订一个学习计划，安排星期一、星期三和星期五下午5:30开始听20分钟的英语录音磁带，星期二和星期四学习语法。这样一来，你每个星期都能更实在地接近、实现你的目标。

3. 做事要有条理有秩序，不可急躁

急躁是很多人的通病，但任何一件事，从计划到实现的阶段，总有一段所谓时机的存在，也就是需要一些时间让它自然成熟的意思。假如过于急躁而不甘等待的话，经常会遭到破坏性的阻碍。因此，无论如何，我们都要有耐心，压抑那股焦急不安的情绪，才不愧是真正的智者。

4. 立即行动，勤奋才能产生行动

我们都知道勤奋和效率的关系。在相同条件下，当一个人勤奋努力工作时，他所产生的效率肯定会大于他懒散的工作状态。高效率的工作者都懂得这个道理，所以，他们能够快速实现别人长期努力才能够实现的目标。

总之，在做事的过程中，我们若想克服拖延的习惯，就必须要让我们的心更有方向，也就是说，在下定破釜沉舟的决心前，我们还要有缜密的思维和计划。

养成写工作日志的习惯

在日常工作中，我们每天都渴望进步，从而拓展自己事业发展的空间，但前提是我们要学会管理工作和时间，而总结就能帮助我们提高和进步。在你每天的工作中，即使你完成了很多任务，但如果你没有及时把这些工作片断记录下来，数日后或许你就会忘记哪些工作做得不够还存在问题，哪些工作需要及时改进和提高，哪些重要工作需抓紧落实……如果以工作日志的形式记录下每天的工作事项，清楚自己每天的工作进展情况，就能做到有备无患。同时把好的经验借鉴到今后工作中去，分析工作中的失误及不足之处找出解决方案，便于下步开展工作。

再举个例子：在今天一天的工作当中，你一共打电话给了10个客户，以了解你的工作意向，电话打完后，你不妨尝试着记录下这十通电话的沟通情况，很快，你就能发现，在和客户沟通的时候，不同的客户会对你的产品或者工作提出不同的问题和疑问。比如，有的客户说价钱贵呀，有的客户说政策操作麻烦呀，控价体系不完善呀等问题，当你第二次再给客户打电话的时候，就可以提前把客户的所有问题或疑惑都打消，这样就可以为你跟客户顺利合作打下良好的基础。

不难总结，工作日志对我们今后的工作大有帮助：

1. 培养了严谨的工作作风

严谨的工作作风是在点滴之间培养起来的。只有把工作中的点点滴滴都做到了，做好了，才能把你的工作做好。由点及面、由细到深，在这一点上做销售工作的人员可能是最有感受的。比如，在摩托罗拉公司的市场销售中，你把任何一个“点”遗漏或者省略都是不行的（举例引申：终端、客户配合、人员到位）。“细节成就品牌”，足以看出这些点点滴滴对销售工作的重要性。怎样才能不遗忘或漏掉这些"点点滴滴"呢？那就要靠良好的工作习惯——工作日志来解决这个问题了。只有在工作当中多记、多想才不会疏漏这些小点滴、小事情。因此说工作日志培养了严谨的工作作风。

2. 工作日志梳理了工作条理，增强了思维的逻辑性

在你写工作日志的时候，在你把记忆中的东西再转变成书面文字的过程当中，必定要对已完成的工作在大脑中进行一番整理。这保证了大脑的清晰性，使工作内容更加透明，梳理了工作条理，增强了思维的逻辑性，使你更自信、更勤奋、更积极地面对每天繁重的业务和激烈的市场竞争的挑战。

因此，管理专家们建议，我们每个职场人士都要养成写工作日志的习惯。

那么，我们又该怎样写工作日志，它包括哪几个部分呢？

1. 每天工作事项的记录

刚开始可以简单记录下每天的工作事项，以后逐渐在记录

的过程中你就会发现，我每天只记做完的工作，那么我没完的工作怎么办呢？我每天怎么老是完不成工作计划？我明天一定要完成，从而树立了坚强的意志，激励了自己。或者我记录下了每天的工作事项，较轻松完成了工作的计划，工作当中还有富余的时间，我还有精力或能力去做更多的事情，又何尝不去多做些事情呢，进而开发了潜能。

2. 每天遇到工作问题的记录

开始写工作日志的时候，可能只是进行简单的问题记录，俗话说，熟能生巧，只有和你每天面对的问题见面的次数多了、熟了，才能找到解决的好办法。对问题处理得好的情况可以借鉴，应用到以后的类似的问题上；对处理的不好的问题再通过记录、分析，找出更好的解决方法，扬长避短。

3. 工作心得的记录

在每天写工作日志的时候，你会发现你的思维清晰了，逻辑性加强了，进而个人的工作心得和看法也增加了，对待问题和挫折的时候，自己的处理能力也有了，清楚了解自己的个性定位，对个人今后的人生发展有百利而无一害。

4. 罗列能预想的第二天的工作内容

把自己能预想到的第二天应该做的工作和该处理的问题简单列出来，使自己在第二天的第一时间解决掉这些事情，形成严谨的工作作风，培养自己有计划有目的的工作习惯和能力。看得更远，想得更深，飞得更高。

总之，写工作日志是一个好的工作习惯，向往美好的东西和追求美好的事物是每个人的心愿。那么对于这么一个对我们的工作有帮助、有意义的好习惯（工作日志），我们大家为什么不去积极地培养呢？因此要强制自己树立正确的写作理念，对自己写工作日志充满信心，久而久之，你便能养成这种好习惯了。

解决拖延症，从消除拖延思维开始

现代社会，对于很多人尤其是年轻人来说，拖延症已经成为他们中间的高发病症，具体表现为做事拖拖拉拉、怕接受工作任务，甚至经常到最后一刻才开始执行等。对于我们每个人来说，拖延的习惯都会影响到我们做事的效率，无论是在职场上还是在学习上，也会给别人懒散的印象。那么，如何克服这样的坏毛病呢？

我们都知道，人的思维指导行动，对于拖延者来说，他们之所以做事懒散、行动拖拉，多数情况下是因为拖延思维导致的。在他们内心，常常有这样的声音："再等会儿去做也没关系""大家都还没动手呢，我不必着急""太难了，实在找不到办法"。很明显，这些都是拖延思维，对我们的行动给予的是负面的暗示作用。

可见，如果你经常为自己的拖延行动找借口，那么，很可能是因为拖延思维的影响。要解决拖延症，你首先要做的也是消除拖延思维。要知道，任何人都不可能帮助你改变现状，能拯救你的只有你自己。

古希腊神话中有一个西西弗斯的故事。

西西弗斯因触犯天庭之法，被下放人间。

他每天都要将一块石头推上山，可是当他完成任务回家后，这块石头又会滚落山脚下，于是西西弗斯第二天又得去推。其实，这是天神故意安排的，为的就是让他在“永无止境的失败”中遭受惩罚，以此来折磨他的心灵。

可是，西西弗斯偏偏不吃这一套。他不认为这是苦难。他一心想，推石头上山是我的责任；至于石头滚下来，不是我的失败。

因此，西西弗斯始终内心平静，也始终记得自己的职责，每天都满怀希望。天神见折磨西西弗斯心灵的企图无法奏效，只好放他回了天庭。

用这个故事对照现实生活，我们可以得到有益的启示：“人必自助而后天助。”若连自己都不愿帮助自己，还会有谁帮助你呢？在逐渐改正拖延习惯的过程中，我们必须要始终激励自己，相信自己能做到，那么，我们就能做到。

通常来说，拖延思维是消极思维的一种。如果我们不摒弃拖延思维，那么，我们只能无止尽地拖延下去。事实上，我们在做事的过程中，也总是会遇到一些困难，此时，我们需要调节和控制自己的心态，鼓励自己能做到，这样可以给自己精神动力。

的确，克服拖延症其实就是一种自我管理，它和做其他事一样，假如不存在困难，那么，也就体会不到成功时的快乐，以这样的信念激励自己，能帮助我们克服内心的很多负面心理。

总之，任何一个希望解决拖延症的人，都应该摒弃消极的拖延思维，始终相信自己能做到自控和立即执行，以这样的信念引导自己去做事，相信一定能有所收获。

第 8 章

掌控好时间，别陷入虚假的繁忙

人的一生，短短几十载，生命是有限的。如果我们浪费时间，工作和生活总是被那些琐碎的、毫无意义的事情所占据，那么我们就没有精力去做真正重要的事情了。实际上，不少人的时间也就是这么被浪费的。也就是说，作好时间管理是增强自制力的重要方面，如果我们能充分利用自己的时间和精力，绝对可以做出更有价值的事情来。

时间有限，我们要有紧迫感

人生短暂，岁月匆匆，时间就是生命，时间对于每个人来说，都是一种既公平又宝贵的资源。一个人如果没有了时间，一生除了无比地灰暗外，就是等着死亡的时刻的到来了。我们永远也无法留住时间，它会在不经意间溜走，而当你觉醒时，已经晚了。然而，正是因为时间的不可逆转性，很多人产生了“反正人总有一死，还不如做一天和尚撞一天钟”的消极想法，而实际上，正是因为时间有限，我们更应该让每一分每一秒都活得精彩。因此，哲人曾提醒我们，要珍惜时间，积极向前。

一次，恩格斯坐船去英国。

一路上，船上的其他人都在无聊地饮酒作乐和聊天，以此消磨时光，但恩格斯一直待在甲板上，然后拿着一个小本子，不时地往本子上记录太阳的位置、风向及海潮涨落的情况。原来，他正在利用乘船的时机研究航海学。

达尔文是个非常珍惜时间的人。老年的达尔文依旧如此。

一次，一名青年从达尔文门口路过，当他知道躺在门口晒太阳的那个生病的老人就是著名的达尔文时，他很诧异地问道“达尔文先生，你这样体弱多病，怎么还可以做出那么多的成就呢？”

达尔文回答说：“因为我任何一个30分钟都能做出有用的事来。”

曾经，在给苏珊·达尔文的信中，他这样写道：“一个会白白浪费1小时的人，就不懂得生命的价值。”

智者总是劝我们珍惜时间、努力充实自己，而我们常常称没时间，有人算过这样一笔账：只要每天临睡前挤出15分钟看书，一年就可以读20本书，这个数目是可观的，远远超过了世界上人均年阅读量。然而这并不难实现。

因此，我们生活中的每个人，都要培养自己对时间的紧迫感，具体来说，我们应该这样做：

1. 制订计划，按计划做事

每日为自己制订一个工作计划，做一个工作列表，把每日需要做的具体工作按照轻重缓急排列，另外相似的工作最好排在一起，便于思维，先处理紧急的工作，再处理重要的工作，最后处理简单、缓慢的工作。制订工作计划，每日的工作才有方向，才不走冤枉路，马好车好不如方向对，没有方向瞎忙活，再努力也是枉然。

2. 集中精力

工作时一定要集中精力，全身心地投入工作，避免分心，要学会善于集中精力做一件事，而且是做好这件事。工作切忌三心二意，否则只会捡了芝麻掉了西瓜，甚至哪件事都做不好，让别人否定你的能力。

3. 简化工作

将简单的东西复杂化不是本事，将复杂的东西简单化才是能耐。当工作像山一样堆在面前，不要硬着头皮干，否则根本做不好。首要的任务就是将工作简化，当面前的大山被你简化成小山丘，你就会豁然开朗，收到事半功倍的效果。

4. 使用辅助工具

现代社会，办公室工作早已脱离了纸笔，会工作的人都擅长运用一些辅助工具，比如，电脑、手机等，简单的电脑办公软件有word、excel、ppt等，都有帮助我们编辑文件、分析统计数据等功能，有的公司还会使用财务软件、库存软材等，我们还可以使用手机的记事本、闹钟、提醒、计算机等功能，帮助我们记录、提醒重要事件。

5. 经常充电

多学习知识，尤其是专业知识，只有不断更新知识，不断学习，才能更有效地应对日新月异的职场问题，处理高难度的工作难题，才能比别人更优秀，才能增强工作的应对能力，比别人更有效率。

6. 保证睡眠

保证充足的睡眠，不仅能恢复当天体力，还能为第二天提供充沛的精力。睡眠在人的生活中占据相当重要的地位，在一天的24小时中，睡眠占至少1/3的时间，可见睡眠是不能应付的。只有身体、大脑得到充分的休息，我们才能有旺盛的精力投入到工作中，才能提高工作效率。

7. 劳逸结合，会休息才会工作

不能一味地埋头工作，就像老牛拉犁一样，人的体能是有限的，大脑也是需要休息的，超负荷的工作只能降低工作效率，产生事倍功半的结果。不会休息就不会工作，适当地放松下，工作期间站起来活动15分钟，喝杯水，听听音乐都可以让身心放松下来。工作时要为自己保留弹性工作时间。

8. 平衡工作和家庭

我们除了工作外还有家庭，对此，我们要做到平衡处理：

第一，工作和家庭生活要划清界限。对家人作出承诺后一定要履行，制订较低的期望值以免造成失望。

第二，学会忙中偷闲。不要一投入工作就忽视了家人，有时10分钟的体贴比10小时的陪伴还更受用。

第三，学会怎么利用时间碎片。例如，家人没起床的时候，你就可以利用这段空闲时间去做你需要完成的工作。

注重有质量的时间——时间不是每一分钟都是一样的，有时需要全神贯注，有时坐在旁边上网就可以了。要记得家人平时为你牺牲很多，度假、周末是你补偿的机会。

总之，我们需要明白的是，时间就是金钱，时间就是效率，时间是最宝贵的资源，时间不能消费，也不能买卖。我们工作时一定要有时间意识，消耗时间就是消耗青春、虚度光阴，连工作都做不好更谈不上效率，没有人会赏识这种人。所以一定要加强紧迫感，在做每一项工作时都要有超紧迫的意识，不断地督促自己。

分清轻重缓急，始终做重要的、最有效的事

我们都知道，现代社会中时间已成为一种有限的资源，时间就是金钱，时间就是生命，于是，忙碌的人们总是不断地与时间赛跑，高度紧张的神经让人们开始疲乏，甚至身心俱疲，而我们不妨反问一下自己，难道真的做不到让脚步放慢一点吗？事实上，人们之所以忙乱，是因为他们不懂得合理安排时间、做事效率低下。如果我们在做事之前先静下心来，理清思绪，合理安排，列出事务处理的先后顺序，那么，事情往往会达到事半功倍的效果。

罗老板是一家机械公司老总，这天，根据预约，他会见了一名效率专家。

这名效率专家叫皮埃尔，他声称自己可以帮助罗先生管理好这家机械公司，罗先生以为这名皮埃尔先生是市井之徒，于是，他赶紧称自己不相信那些书本上的管理知识，而需要的是实际的执行计划。

皮埃尔知道要让罗先生相信自己就要拿出真本事来，于

是，他说：“只要10分钟就好。”接下来，他拿出一张白纸，然后递给罗先生说：“罗总，你先在这张纸上写下你明天要做的你认为的最重要的六件事。”罗先生照做了。然后，皮埃尔又说：“现在，按照你认为的重要性进行排序，在它们后面标上数字。”罗先生又照做了，就这样，5分钟过去了。

“现在，请把你手里的这张纸放到你的口袋里，明天早上起来的时候，什么都不要想，做第一项事，直到你认为已经完美做好为止，然后再按照顺序来逐一处理其他事。即便你其他事一件没做也没事，因为你始终在做最重要的事。”

罗先生若有所思地点头，皮埃尔赶紧说：“记住，以后每天你都要这样做，如果你觉得这个方法有用的话，请将它在你的员工中间推行开来，让他们也这样做。”

这场会面不到半个小时，但是对罗先生的工作起到了重大的作用，他一直认为这是自己最近几年来上过的最重要的一课。

正如故事中的皮埃尔所说，提高效率的唯一方法就是我们要保证自己正在做重要的事。生活中，很多人都感到时间不够用，这意味着我们更应该学会巧妙利用时间，而不是眉毛胡子一把抓，结果什么都抓不住。

我们常常有这样的感触：一天内，我们除了工作外，还需要生活、休息，还需要娱乐，我们要做到的事情实在是太多了。单以工作为例，我们也有做不完的报表，开不完的会，见不完的客人……

于是，我们会选择做个时间计划表，时间被安排得满满当当，所有事务也都被安排进去，但实际上，我们在执行的时候，依然发现很难完成。这是为什么呢？因为这份计划表缺乏条理性。

无论是工作还是生活，是要有章法的，不能眉毛胡子一把抓，要分轻重缓急！这样才能一步一步地把事情做得有节奏、有条理，达到良好结果。法国哲学家布莱士·帕斯说："把什么放在第一位，是人们最难懂得的。"那么，我们该如何有计划地安排自己呢？

以下是两个建议：

1. 每天开始都有一张优先表，把事情按先后顺序写下来

每天一大早挑出最重要的三件事，当天一定要能够做完。而且每天这三件事里最好有一件重要但是不急的，这样才能确保你没有成为急事的奴隶。

把一天的事情安排好，这对于你成就大事是很关键的。这样你可以每时每刻集中精力处理要做的事。但把1周、1个月、1年的时间安排好，也是同样重要的，这样做能给你一个整体方向，使你看到自己的宏图。

真正的高效能人士都是明白轻重缓急的道理的，他们在处理1年或1个月、1天的事情之前，总是按分清主次的办法来安排自己的时间。

2. 再按照事物紧急和重要程度来安排时间

大致来说，事务可以分为四种类型，我们应该根据事务的类型来安排工作的先后顺序。

首先，紧急且重要。这类事指的是火烧眉毛之事，比如，事关企业效益的事、重要会议、亲人生病需送医院等。对于这类事，一般都不可马虎，在众多事中需要首先处理，必须花上整天的时间来解决。

其次，紧急但不重要。对于接打电话、批阅文件、日常会议等事务，也需要我们赶快处理，但不宜花去过多的时间。

再次，重要但不紧急。有些事务，诸如人才培养、远景规划等，看起来并不紧急，可以从容地去做，却是我们要下苦功夫、花大精力去做的事，是我们的第一要务。

最后，不紧急也不重要。包括无意义的会议、可不去的应酬等。对于这类事务，我们可先想一想："这件事如果根本不去理会它，会出现什么情况呢？"如果答案是"什么事都不会发生"，那你就应该放慢脚步甚至是停止了。

总之，在工作和生活中每天都有干不完的事，我们首先要做的就是分清轻重缓急。要理解急事不等于重要的事情。只要我们合理安排时间，大可以不慌不乱，甚至有一些充裕的时间享受生活。

掌握有效管理时间的十八种方法

人们常说，时间是公平的，我们每个人的1天只有24个小时，所以应该珍惜时间去充实自己，陶渊明有诗曰：“盛年不重来，一日难再晨；及时当勉励，岁月不待人。”爱因斯坦说：“人的差异产生在业余时间。”我们生活中的每个人都要学会珍视时间，争夺一分一秒的时间去工作和学习，最大限度地提高时间的利用率。每一个成功的人都有强烈的时间观念。

伟大的文学家鲁迅成功的一条重要经验就是珍惜时间。鲁迅的整个一生都在拼时间。他说：“时间就像海绵里的水，只要愿意挤，总还是有的。”事物的发展变化，总是由量变到质变的。如果想成就一番事业，一定要学会用零碎的时间学习整块的东西，做到点滴积累，系统提高。

现在，你应该回想一下，曾经的你是不是宁愿把时间花在嬉戏玩耍上，而却忽略了学习；你是不是曾经慨叹时间不够，而却不曾好好珍惜时间去规划一件事？如果你已经意识到了自己正在浪费时间，那么，就请树立合理利用时间的意识吧，争取能在最短的时间内赢得最大的效率。

珍惜时间，就要想办法提高做事的效率。培根说得好：“时间和做事的关系，就像金钱和货物的关系一样；一件事做得太慢，费时太多，就像是为一件物品支付了过高的价格。”因此，我们应经常动脑思考，寻找可以改进的地方。我们的效率通常是可以提高的。

范德比尔特先生是一位军人，有一次，他与一个请求他帮忙的青年约好，某天早晨的10点钟在自己的办公室里见面，再陪那位青年去会见一位火车站站长，接洽铁路上的一个职位。但到了那一天，那个青年去见范德比尔特时，比约定的时间竟迟了10分钟。所以，当那位青年到范德比尔特先生的办公室时，范德比尔特先生已经离开了办公室，去出席一个会议了，因此便没有见到。

劳伦斯说："成功做事的秘诀，首要一点就是养成准时的习惯，可是一般人的习惯往往是一再拖延。"

诺贝尔奖金获得者雷曼的体会更加深刻，他说："每天不浪费剩余的那一点时间。即使只有五六分钟，如果利用起来，也一样可以产生很大的价值。"把时间积零为整，精心使用，这正是古今中外很多科学家取得辉煌成就的妙招之一，值得我们借鉴。

的确，时间怎么珍惜都不过分，下面我们推荐有效管理时间的十八种方法，让你做时间的主人！

1. 策略第一

"攻心为上，攻城为下"，时间管理策略总是第一位的。

2. 分清轻重缓急，抓住重点

在众多的事务中，应分清重点工作和非重点工作，在重点工作上要投入大量的时间和精力，如果反之我们就会总是感觉时间不够用而工作却没有成效。

3. 马上行动，杜绝拖延

不少人总是喜欢拖延，而实际上，拖延也是懒惰的表现。习惯性的拖延者通常也是制造借口与托词的专家。他们每当要付出劳动，或要作出抉择时，总会找出一些借口来安慰自己，总想让自己轻松些、舒服些。

4. 确定明确的目标和行动计划

敢想敢做并没有错，但不能无厘头，这样才能让那些有计划的行动更有成功的胜算。因此，你无论在做什么事之前，都要反问自己：这件事的可实施性大吗？还有什么没有计划到的？计划越是周详，也越能应付出现的问题和危险。

5. 每个人的时间都是有价值的

因为每个人的生命都是由时间组成的，生命是有价值的，故时间也是有价值的，所以才有鲁迅所说的“浪费时间等于谋财害命”这一名句。

6. 今日事，今日毕

有了良好的完成工作习惯，时间自然是充分利用，就不存在浪费了。

7. 追求完美的心态

世上不可能有真正的完美，但无论企业还是人都应该有一个追求完美的心态，并将其作为生活习惯。无论你有怎样辉煌的目标，如果在每一个环节连接上有一个细节处理不能够到位，整个目标都会被搁浅，而导致最终的失败。

8. 在工作时，必须要求时限

这样就既不浪费别人的时间，也不浪费自己的时间。

9. 善于授权

这考验到一个人的领导才能，你不必事必躬亲，否则，即使你有三头六臂也忙不过来。

10. 要有条理与整洁的方法

文件和物品存放有条理，就不会在找东西上浪费时间。

11. 养成快速的节奏感

这样时间的利用率就自然提高，甚至带动别人提高效率。

12. 结果导向，掌控过程

完成任何工作，都有一个结果。我们要做的就是以这个结果为导向，在工作过程中不断调整方向，最终完成这项工作。

13. “猴子管理”

就是把每一项工作都看成是一只猴子，我们要照顾好自己的猴子，且要注意不让别人的猴子成为自己的猴子，要不猴子太多怎么办?

14. 不要让人浪费你的时间

要懂得拒绝，不要在无谓的交往中浪费自己的时间。

15. 善于利用零碎的时间

这一条很重要，我们每天的琐事太多，大部分时间也被那些琐事占据，因此，不要试图认为有整块的大量时间供你支配，要善于利用零碎的时间。

16. “第一”胜过更好

力争上游，会让你不断寻找提高做事效率的方法。

17. 记录每天所做的每一件事

这是个好习惯，当你坚持一段时间后，你对时间的支配情况就有据可依，改进不良的时间支配方式，从而总结出适合自己的时间管理方法。

18. 业余时间管理

不要忽视业余时间的管理，工作时间管理和业余时间管理是辩证统一的。

总之，人生就是一场与时间赛跑而不断获得成功的过程。为此，你就必须时刻保持百倍的警惕，不要让时间偷走了你的生命。要控制好时间，以一种精打细算、有效率的方式利用你所拥有的时间。

化零为整，充分利用零碎时间

人们常说，时间往往不是1小时1小时浪费掉的，而是1分钟1分钟悄悄溜走的，我们每个人的1天只有24个小时，所以应该珍惜时间去充实自己。的确，随着时代的进步，人们对时间的意识和控制也越来越强，著名的海军上将纳尔逊，曾发表过一项令全世界懒汉瞠目结舌的声明：“我的成就归功于一点：我一生中从未浪费过1分钟。”达尔文说：“我从来不认为半小时是微不足道的一段时间。”雷巴柯夫曾说：“用分来计算时间的人，比用时计算时间的人，时间多59倍。”

的确，一个人如果认识到时间的重要，看到自己的水平不高，感到时间的紧迫，就会自觉地去利用零碎时间。古往今来，一切有成就的学问家都是善于管理时间的高手。

东汉时，有名学者名叫董遇，幼年时代就痛失双亲，但他仍然孜孜不倦地学习，只要有闲余时间，他都会学习。他曾经说：“我是利用‘三余’来学习的。”“三余”，即“冬者岁之余，夜者日之余，阴雨者晴之余”。也就是说在冬闲、晚上、阴雨天不能外出劳作的时候，他都用来学习，这样日积月累，终有所成。

时间是构成生命的材料，谁了解生命的重要，谁就能真正懂得时间的价值。我们最宝贵的不过是几十年的生命，而生命是由一分一秒的时间所累积起来的。没有善加利用每一分钟，时间是永远无法返回的，而“事情就怕加起来”，这一古老的谚语也是说的这个道理。一切在事业上有成就的人，在他们的传记里，常常可以读到这样一些句子：“利用每一分钟来读书。”

对时间计算得越精细，事情就做得越完美，无论是学习还是做事，如果你能以分为单位，对那些看起来微不足道的零碎时间也能充分加以利用，你就能有所收获。

而从另一个角度来看，与零碎时间相比，大块时间的脑力劳动其实更容易导致疲劳的积累，使工作效率受到很大影响。零碎时间的学习能保持大脑的兴奋状态，效果极佳。而且，如果你致力于学习，那么利用零碎时间学习一些必须熟记的生词、公式、规则等，有利于反复记忆，加深印象。利用零碎时间的技巧很多，比如，我们可以准备一个随身携带的小本子，记上要背的单词和知识点，有空就读一遍；在起床、洗脸、刷牙、就餐等活动场所的墙上，钉上一个和视线等高的小夹子，夹上一张卡片，卡片上写上当天要背的单词、公式等；还可运用录音机，把要背的知识内容录下来，吃饭、洗脚的时候都可以听。总之，利用零碎时间反复记忆，不仅会明显提高我们的学习效率，还能培养分秒必争的好习惯。

不得不说，现代社会中的人都有很大的压力，除了工作还要学习、生活，由我们自己自由支配的大块时间很少，因此，赢得时间就十分重要了，不少人往往认为那些零散的时间没什么用处，其实这些时间看似很少，但集腋能成裘，几分几秒的时间看起来微不足道，但汇合在一起就大有可为。

也许现在你已经发现自己每天有很多时间流失掉了，如等车、排队、走路、搭车等，这些时间都可以用来背单词、打电话、回邮件等。每个人一天的时间都一样，但是善于利用零碎时间的人，就能得到更多的益处。具体来说，把零碎时间充分利用起来，需要我们做到：

1. 善于利用等待的时间

可能我们每天都会有这样一些时间是处在等待中的，如等车、排队等。等待很长时间让人觉得很无聊，如果你拿出平常准备的问题本，进行回忆和思考，那么，经常这样，你的记忆力就会增强。

2. 善于利用走路或坐车的时间

不少人上班都是乘坐公交车，这段时间内你可以思考一些工作中遇到的问题，也可以听一些英文单词，关键是要有问题意识和善于思考的习惯。

3. 善于利用睡觉前的时间

你可能也发现，当你躺上床之后，进入睡眠状态还需要一段时间，此时，你可以将这一天的做事、学习情况在大脑中过一遍，起到回忆和思考的作用。

有人说，人的心理很微妙，一旦知道时间很充足，注意力就会下降，效率也随之降低；一旦知道必须在单位时间内完成某事，就会自觉努力，从而效率大大提高。如果坚持每天读书，哪怕只坚持读1页，1年就是365页，10年即3650页呢；但是如果你每天落后别人半步，1年后就是183步，10年后即1830步啊！可以说，人的潜力是很大的，善于利用零碎时间，通常不会影响心身健康，却可以有效地提高做事效率，何乐而不为呢？

第9章

掌控好欲望，追求合理的目标

现代社会，生活节奏越来越快，人际关系越来越复杂，处处充满了诱惑，使人心神不宁，那么，怎样才能抵制诱惑呢？其实答案很简单，增强我们的自制力，掌控好我们的欲望，这样，生活就会变得简单，当生活越简单时，生命反而越丰富，尤其是少了诱惑的牵绊，我们越是能够从世俗名利的深渊中脱身，感受到自己内心深处的宽广和明净。

成大事者要经得住诱惑

古往今来，凡是成功人士，他们往往具有一个共性特质：善于自律，以实现某种目标。在我们追求梦想的路上，也充溢着形形色色使人难以抵制的各种诱惑，我们只有秉持一颗忠诚的心，才能坚守原则，不被诱惑打倒。

在村子里住着一个60岁的老绅士，他十分富有，性格古怪，但他的慷慨和仁爱是无人能及的。绅士的年纪越来越大了，他希望能找一个男孩服侍自己的起居，帮他做一些事情。尽管，他对孩子们的世界很感兴趣，但他非常讨厌孩子们的好奇心，他常常说："向抽屉里偷看的孩子会试图从里面取点儿东西，而小时候偷窃过一分钱的人，长大后总有一天会偷窃一元钱。"

村里的孩子们得知老绅士找男孩的消息，都想得到这个职位。很快，老绅士就收到了二十多封求职信，他决定找一位没有好奇心、能抵御诱惑的孩子。一天早上，三位打扮光鲜的少年出现在老绅士的客厅。

查尔斯首先来到老绅士准备好的房间，老绅士请他在这里等一等。于是，查尔斯就在门旁的一把椅子上坐下。刚开始的时候，他非常安静，只是向四周看看，他发现房间里有许多非常稀罕的东西，他终于站了起来，东瞧瞧，西看看。桌子上放着一个罩子，查尔斯很想知道下面是什么，他掀起了罩子，结果是令人意外的，下面是一堆非常轻的羽毛。有些羽毛飞了起来，查尔斯十分害怕，匆匆将罩子放下，但更多的羽毛飞了起来，查尔斯试图抓住那些羽毛，但都没成功。最后，查尔斯被老绅士打发走了。

接下来是亨利，他看到一盘诱人的、熟透了的樱桃，他很喜欢吃樱桃，心想：这里有这么多樱桃，就是吃掉一个，也不会被人发觉。于是，他鼓起了勇气，小心翼翼地站了起来，拿起一个特别好的樱桃，放进嘴里。太好吃了，或许，再吃一个也没关系，他真的又拿起了一个。其实，老绅士在盘子里放了几个貌似樱桃的辣椒，不幸的是，亨利拿到了一个辣椒，放进嘴巴以后，他的喉咙像着了火一样。结果，他也被老绅士打发走了。

最后出来的是哈利，他独自在房间里待着，周围的任何东西都没能引诱他离开座位。半小时后，他被许可为老绅士服务。就这样，哈利一直服侍老绅士，直到他离开人世。老绅士临死之前，将所有的财产都送给了哈利。

生活中的我们就像是故事中的查尔斯和亨利一样，总是无法拒绝内心欲望的声音，伸手想拿不属于自己的东西，结果，不是慌乱得不知道如何处理情况，就是被诱惑刺痛了自己。诱惑之所以能那样吸引人，在于它本身就是带刺的玫瑰，表面上看着美丽，实际上却是不折不扣的陷阱。在通往成功的路上，我们会遭遇不同的诱惑陷阱，只要我们能够规避欲望的吞噬，按捺住内心的悸动，那最后的胜利就是属于我们的。

东汉的杨震做过荆州刺史，后调任为东莱太守。当他去东莱上任的时候，路过冒邑，冒邑县令王密是杨震在荆州刺史任内荐举的官员，听到杨震到来，王密晚上悄悄去拜访杨震，并带了十斤金子作为礼物。

王密送这样的重礼，一是对杨震过去的举荐表示感激，二是想通过贿赂来请这位老上司以后再多加关照。可是，杨震当扬拒绝了这份礼物，说："故人知君，君不知故人，何也？"王密以为杨震假装客气，便说："幕夜无知者。"意思是说晚上又有谁知道呢。杨震听了立即生气了，说道："天知、地知、你知、我知，怎说无知？"王密非常羞愧，只得带着礼物，狼狈而回。

在东汉历史上，杨震是一个颇得称赞的清官。正是他抵御住了诱惑，才得以在史册上保留清名。试想，如果杨震抵御不了诱惑，拿了王密所赠送的十斤金子，那估计他在史册上将是声名狼藉，哪里还有清廉的名声？

陷入诱惑的泥潭，源于内心的欲望。欲望就像毒品，是会上瘾的，当你得到了一次满足之后，就会不断地想要更多，那根本就是一个无底洞，于是，你越来越难以抵御外面世界的诱惑。最后，人被欲望所控制着，甚至成了欲望的奴隶，并最终被那些诱惑所吞噬。所以，我们应该记住：想成大事，必先克制内心的欲望，学会抵御外面世界的种种诱惑。

古人云：壁立千仞，无欲则刚。在诱惑面前，我们只有做到“无欲”，做到心理平衡，才能抵挡得住诱惑。具体来说，我们应做到：

1. 坚定信念

信念是一股强大的精神力量，它能起到支持我们行动的作用，是我们不断努力的力量源泉，还可以给我们的内心穿上一层保护衣，从而屏蔽诱惑。所以，在遇到诱惑的时候，尤其不要放弃你心中的信念，因为它是你继续前进的动力和生存下去的支柱。

2. 认清不良诱惑的危害

面对纷繁复杂的诱惑，人们必须保持足够的定力，认清它背后存在的各种危险，因此，当你彷徨的时候，不妨问问自己：“如果我做了这件事，会有什么后果？”“它是不是真的能带来成功呢？”“为此，我会失去什么？”多问自己几次，你就能权衡出利弊得失了。

3. 做到专注于本职工作与慎微并行

抵制诱惑是一种意志和信念的较量。这需要掌握一种有力的心智盾牌——专注，唯有专注才能抵御诱惑。俗话说：“勿以善小而不为，勿以恶小而为之。”如果小事不注意，小节不检点，久而久之，必然会出大错。

总之，成大事者，首要就是忍耐来自社会的各种诱惑，因为这些诱惑的背后定然是陷阱，如果忍耐不住心中的欲望，一不小心深陷此地，那你定会后悔终生，不仅成不了大事，只怕是性命也难保。在诱惑层出不穷的今天，我们更需要抵御诱惑，学会忍耐内心欲望，这样才能铸成大事。

把握内心，别迷失自己

现代高速运转的社会让生活中的我们变得浮躁起来，灯红酒绿的都市生活中到处充满着诱惑，然而，能做到静下心来的有几人，在充斥着各种颜色的生活中，人本性中的单纯、朴实早已被我们甩在了身后。也许在这个快节奏的时代，我们真的走得太快了，是时候停下脚步了，等一等被我们丢远的灵魂。这样，才能让自己的心静下来，思索我们的人生。让心静下来，放下心中的浮躁。

南非的沙比亚丛林，至今生活着相当原始的西布罗族人。他们的捕猎方法极为简单：利用胶泥在丛林的湿地上铺成大片的胶泥地，再在上面放一只鸡或一只野兔，然后他们开始等待。凡是吃肉的动物，只要走进丛林，便会被野兔或鸡吸引，一步步走入陷阱，越挣扎越深。而陷阱中的动物又会引来更多的动物。几天之后，西布罗族人抬来木板，铺在胶泥上，轻而易举地将猎物收入囊中。

这些动物为什么跑进陷阱去自寻死路？原因很简单，在欲望的陷阱面前，它们迷失了自己。那么，若是人类面临这样简单的骗局，又会怎样呢？答案还是很简单，同样会迷失自己，步入陷阱而不能自拔。

两千多年前，古希腊有一位哲学家叫迪奥尼斯，有一次，他在大白天提了个灯笼，然后走上街头到处跑。

行人感到诧异，就问他在寻找什么，他回答："我正在找人，人都迷失到哪里去了呢？"原来，当时的雅典经济繁荣，不少人在物欲横流、荣华富贵、权势财富的攻击下，彻头彻尾地迷失了自己，出卖了自己，丢失了人的本质。所以哲学家奔走呼吁：人们哟，千万不要迷失自己。故此，"认识你自己"这句话，便镌刻在古希腊德尔菲神庙顶上。

古人尚且深知要把握自己，不要迷失自己，然而，在逐步现代化的今天，我们生活的周围，总是不断上演着"迷失自己，沦落陷阱"的悲剧。多少为官者在声色犬马中逐渐失去自己当初做人的原则，甚至不惜牺牲人民的利益，最终被绳之以法；又有多少年轻人经不住外界的诱惑，放纵自己，甚至以身试法，最终自食其果。的确，在这个纷嚷嘈杂的世界，金钱、美色、权力、地位、名声充斥了整个现实生活，给人们太多的诱惑，于是人们更多地注重对身外之物的关注和追求，迷失在物欲横流中。这个事实引人深思，发人深省。

不想迷失自己，就要认识自己。这并不意味着我们要放弃对物质生活的追求，相反，我们应该努力劳动、努力工作，去追求自己想要的生活。劳动与工作是一个人存在的价值。然而，有些人在这过程中进入了误区，遗忘、迷失了自己。你始终不能忘记的是，自己才是主人公，是追求美好生活的主人公。因此，首先必须认识自己，好好地问一问自己：为这个世界做了什么？留下了什么？

不想迷失自己，就要树立正气。人们常说，心底无欲天地宽，无论是社会还是个人，都需要正气，它指引我们正确做人、正确做事。有了正气，我们就能看穿欲望陷阱，就能不迷失自己。

不想迷失自己，还需要做到常反省自己。人虽然是不断前进的，但前进的过程中，难免会出现一些阻碍、陷阱等，一个人想不迷失自己，就应时时反省自己，排除前进道路上的种种诱惑和阻碍，从而使人生之路越走越宽。

不想迷失自己，就要懂得享受宁静。脱下白领的衣服，换上流行时装走进灯红酒绿的地方，好像是现在人们放松的一种方式，随着灯光的闪烁人们摇摆着头甩着头发。但这真的是一种放松的方式吗？灯红酒绿下，不知今夜又有多少少女或者少男沉醉在此？这是一种解脱的方式吗？

让自己内心平静的方法莫过于独处，再来一支檀香、一壶水、一盏清茶。水从高处慢慢冲入杯中，一切仿佛慢了半拍，茶叶在水中翻转腾挪，一缕香气弥漫出来，心境逐渐随之平静。实际上，人生本如茶，一泡洗净铅华，二泡三泡满品精华，四泡五泡回甘香灭。

坚守一份执着，在迷茫的水面稳驾一叶轻舟；不再迷失自我，在喧嚣的尘世保持一份静默。迢迢暗夜，望一柄北斗为我们引路；茫茫雾海，燃一盏心灯为我们导航。人生可以一无所有，不能失去的是可贵的自信与执着。

总之，在灯红酒绿的现代社会中，我们不要迷失自己，要告诉自己，不管遇到什么事情都要冷静，不管遇到多大的风浪都要坚定自己的立场。

用自律抵御外界的诱惑

生活中，人们常说，人生漫漫，我们永远不知道明天会发生什么，然而，在这条未知的路上，充满了各种各样的诱惑，金钱的诱惑、美色的诱惑、名利的诱惑、地位的诱惑……人都是有弱点的，欲望越多的人弱点也就越多，其陷入深渊的可能性也就越大。可见，诱惑与欲望是一对孪生兄弟，诱惑是深渊，欲望是陷阱，一个人一旦被欲望控制，对诱惑也就失去了抵抗力，因此只要稍不小心就会给自己带来麻烦，成败功过都会在一念之间决定，所以要想躲避这些陷阱、深渊就要清醒地认识它们，才能够躲得过、避得开。

而生活中，人们之所以会做那些让自己后悔的事，归结起来，大多也是因为自制力薄弱，抵挡不住诱惑，所以做了不该做的事。要培养坚定自制力，首先要从心里认识到自律的重要，然后才能自觉地培养。只有坚决地约束自己、战胜自己，最终才能控制欲望，抵抗诱惑。

在清代民间，人们常说，“和珅跌倒，嘉庆吃饱”。和珅之所以为千夫所指，可以说，就是因为他被对金钱的欲望控制，而走上了一条不归路。

和珅是清朝乾隆、嘉庆年间朝廷重臣，在他为官之初，也一心报效国家，与朝中的清官一起打击福康安、福长安等贪污官员，更在26岁时就任管库大臣，在管理布库这一职务中，他学习如何管理财务，令布的存量大增，他凭借这些才干得到乾隆的赏识。

乾隆四十年，和珅擢为乾清门御前侍卫，兼副都统。乾隆十一月再升为御前侍卫，并授正蓝旗副都统。乾隆四十一年正月，授户部侍郎，三月授军机大臣，四月，授总管内务府大臣。这两年间，和珅清廉为官，勤奋好学，成为一位有为的青年。

乾隆四十五年正月，海宁揭发大学士兼云贵总督李侍尧涉嫌贪污，乾隆下御旨命刑部侍郎喀宁阿、和珅和钱沣远赴云南查办李侍尧。起初毫无进展，后来和珅拘审李侍尧的管家赵一恒，对赵一恒严刑逼供，赵一恒起初还拼死抗争，拒不招认，后来终于奈不住痛楚，把李侍尧的所作所为一一向和珅作了交代。和珅有了坚实的证据，心里就有了底，踏实下来。他把赵一恒交代的事项笔录下来，又命人召来了云南李侍尧属下的大官员，当着他们的面宣告了赵一恒的供述。那些原来忠于李侍尧的官员见和珅已掌握了证据，于是他们纷纷出面指控李侍尧的种种罪行，就连那些曾向李侍尧行贿的官员，也申明自己是迫于李侍尧的淫威，被迫行贿的。和珅取得了实据，迫使精明干练的李侍尧不得不低头认罪。和珅也因此被提升为户部尚书。

李侍尧案审结后，李侍尧被判斩监候，李侍尧及其党羽的一大份财产被和珅私吞，加上乾隆的赏赐，和珅终于初尝掌握大权大财的滋味。四月，长子丰绅殷德，被乾隆指为十公主额驸，领受乾隆赏赐的黄金、古董等，百官争相巴结。和珅起初不受贿赂，但日子一长，和珅开始贪污，他广结党羽，形成一股大势力（讽刺的是，党羽中包括当年在云南对和珅百般羞辱的李侍尧），更培植犯罪集团用以迫害政敌、地方势力和人民，俨然成了一个金字塔式的大贪污集团，和珅就立在金字塔的顶端。

乾隆死后，嘉庆列出和珅二十条罪状。后和珅被嘉庆皇帝赐死。

乾隆年间，和珅为皇上宠信之极，官阶之高、管事之广、兼职之多、权势之大均属清朝罕有。但这一切都是过眼云烟，他损害了人民的利益，欺上瞒下，最终落得了个狱中自尽并遗臭万年的凄惨结局。而我们不难发现，为官之初的和珅原本是个清廉之人，但李侍尧案后，他尝到了金钱的滋味，才一失足造就了错误的人生态度，最终成千古恨。

其实，我们不难发现，即使在今天也有一些人，他们原本一直都是走在一条正确的人生态度铺成的康庄大道上，却经不住诱惑，为自己埋下了毁灭的炸弹。这种错误的人生态度一旦蔓延到民族或者人类这一大群体上，就会产生严重的后果。

努力、诚实、认真、正直……严格遵守这些看似简单的道德观和伦理观，并把它们作为自己的人生哲学或人生态度的不可动摇的基础，方能把控欲望，远离诱惑，实现人生价值。

处处皆有诱惑，充满贪念的人心神不宁

在这个世界的每一个角落里，都长满了诱惑。各种各样的诱惑像空气一样，无所不在，无孔不入。有的人秉持自己的内心，面对诱惑不为所动，有的人充满贪念，面对诱惑心神不宁。面对着繁华的大千世界，有太多的物质诱惑使我们眼花缭乱，在金钱、名利的诱惑下，又有多少人丧失了善良的个性、生活的目标、做人的底线。在诱惑面前，人们的欲望在急速膨胀着，渐渐地迷失了自我，走向了无底的深渊；在诱惑面前，多少灵魂摇曳不定，失去了人生的方向和目标，伸出了罪恶的

双手。

很多年轻人失去了生活的方向，找不到自己的位置，徘徊在闪烁不定的霓虹灯下，为了开上名车、住上好房，不惜铤而走险，走上了犯罪的道路；还有很多官员，为了拥有更多的金钱，放弃了做人的原则，成为了国家的蛀虫……总之，这世界是那么大，到处都有诱惑，不管你走到哪里，诱惑都会像细雨一般洒落在你的身上，沁湿你的心灵。

一天，一家汽车维修店来了一位顾客，这位顾客进店之后直接表明来意，对店主说："我是运输公司的司机，现在有件天上掉馅饼的好事，我想你一定愿意干。"

老板不明所以，问道："在世界上，还真有天上掉馅饼的好事？我可不相信。"

这个顾客神秘兮兮地说："其实很简单，只要你把我账单上的金额多写一些，我回到公司报销之后，肯定会分一份好处给你。"出乎他意料的是，店主断然拒绝了这样的要求。顾客纠缠不休，继续诱惑店主说："我可是你们的大客户，只要让我满意，我以后会把公司所有的修车业务都拉到你这里来的，你肯定能从我这里赚到很多钱！"

店主还是坚持自己的原则，告诉顾客，即使有再大好处，他也不会这么做。顾客见说服不了店主，生气地说："你可真傻，这种好事谁都会干的！"听到这句话，店主火冒三丈，他还不客气地让那个顾客赶紧离开，到其他地方谈这种见不得人的生意去。

此时，顾客却一反常态地露出微笑，并且满怀敬佩地握住店主的手："哈哈，你就是我要找的人！实话告诉你吧，我就是那家运输公司的老板。这么长时间以来，我始终在寻找一个固定的、值得信赖的维修店。显然，你就是最佳人选。看来，我以后不用再为此发愁了。"

这里，面对诱惑，汽修店老板不为所动，最终收获的是良心的安宁和正当渠道的获益。如果是你，你能坚定自己的内心，像维修店老板一样毫不动摇吗？面对小利益我们也许能够坦然拒绝，但是如果面对巨大的利益呢？你还能坚持自己的原则吗？毫无疑问，在众多的诱惑中，金钱的诱惑是最大的，因为每个人要想生存或者更好地生活，就必然离不开金钱的支撑。尤其是现代社会，物质很丰富，香车、美女、别墅等，都需要大量的金钱才能得到。

上帝说："富人要想进天堂，简直比骆驼穿过针眼还难。"这是为什么呢？富人那么有钱，可以为自己创造最优厚的物质条件，他们的生活简直就像在天堂一样舒适惬意，不进天堂也和在天堂似的幸福，此言何出呢？其实，事情并不像人们所想象得那么简单。很多时候，富人的心中全是财富，所以根本没有天堂的位置。此外，他们总是为了聚敛财富而费尽心思、绞尽脑汁，甚至不惜坑蒙拐骗，尔虞我诈。在历尽千辛万苦终于拥有了财富之后，他们的内心依然得不到宁静，而开始夜不能寐地思索怎样才能守住财富，不被别人抢走、偷走。这样一来，他们肯定每天都心神不宁，愁眉不展……由此可见，贪婪的厚度也决定了地狱的深度。

一般情况下，人们认为拥有的财富越多就越幸福。其实，这种观点是错误的。现代社会虽然实现了经济的巨大增长，但是人们的幸福指数丝毫没有提高，甚至在不断降低。究其原因，是因为人们的贪念越来越大，越来越难以满足，因此安全感和幸福感都随着下降。假如财富未必能给我们带来幸福，那么我们为什么还要放纵内心的欲望呢？古人云，无欲则刚。假如我们能够降低自己的欲望，控制自己的贪念，只争取自己应该得到的东西，我们就能够更轻松地获得满足。这样一来，既避免了心神不宁的痛苦，也使自己的幸福感得以增强。

第 10 章

掌控好思维，将放弃的思想驱逐出脑海

生活中，我们发现，一些人或满腹经纶，或能力超群，但他们同时拥有一个致命的弱点，那就是缺乏一种抗打击的能力，往往一遇到微不足道的困难与阻力，就立刻裹足不前，没有韧性，遇硬就回，遇难就退，遇险就逃，综合起来，也就是意志力缺乏，因此，终其一生，他们只能从事一些平庸的工作。其实，一个人跌倒并不可怕，可怕的是跌倒之后爬不起来，尤其是在多次跌倒以后失去了继续前进的信心和勇气。不管经历多少不幸和挫折，我们都要掌控好自己的思维，内心依然要火热、镇定和自信，以屡败屡战和永不放弃的精神去对付挫折和困境。如此，我们便会不断强大起来。

你期望什么，就会得到什么

在生活中，可能我们都听过一句话：“谎言说一千次就变成真理。”其实，这是心理暗示的效果，同样，在积极的思维的影响下，我们的行为也是积极的，而这一点，也正是让你梦想成真的基石之一。因此，每一个渴望成功的人都应该明白一点，你有什么样的期望，你就会有什么样的成就，这就是自我激励的作用。

多年前，有一位穷苦的牧羊人领着两个年幼的儿子替别人放羊来维持生活。一天他们赶着羊来到一个山坡，这时，一群大雁鸣叫着从他们头顶飞过，并很快消失在远处。牧羊人的小儿子问他的父亲：“爸爸，爸爸，大雁要往哪里飞？”“他们要去一个温暖的地方，在那里安家，度过寒冷的冬天。”牧羊人说。他的大儿子眨着眼睛羡慕地说：“要是我们也能像大雁那样飞起来就好了，那我就要飞得比大雁还要高，去天堂，看妈妈是不是在那里。”小儿子也对父亲说：“做个会飞的大雁多好啊，那样就不用放羊了，可以飞到自己想去的地方。”

牧羊人沉默了一下，然后对两个儿子说：“只要你们想，你们也能飞起来。”两个儿子试了试，并没有飞起来。他们用怀疑的眼神瞅着父亲。牧羊人说，让我飞给你们看，于是他飞了两下，也没飞起来。牧羊人肯定地说："我是因为年纪大了才飞不起来，你们还小，只要不断地努力，就一定能飞起来，去想去的地方。"儿子们牢牢地记住了父亲的话，并一直不断地努力，等到他们长大以后果然飞起来了，他们发明了飞机，他们就是美国的莱特兄弟。

这个真实的故事再次使我们坚信：积极的思维，会对人的情绪和生理状态产生良好的影响，激发人的内在潜能，助人发挥出超常水平，使人进取，催人奋进。而积极的思维来自于人积极的意识，安东尼·罗宾也曾经说过："所有人的改变都是在改变潜意识。"所以，潜能大师告诉我们每一个人，我们每个人都要从潜意识里喜欢自己，愉快地接纳和肯定自我，这是一个人培养自信心的重要秘诀。

心理学家告诉我们，支撑一个人追寻理想的动力往往是自信。自信是成功的助燃剂，一个人自信多一分，成功就多一分。"人生最重要的才能，第一是无所畏惧，第二是无所畏惧，第三还是无所畏惧。"信心能使得人们具备顽强的意志力，并可能驱逐出"起死回生"。

然而，要获得自信，就要改变潜意识，让积极的潜意识为自己服务。可惜的是，很多人终其一生，大概都忽略或者很少发挥潜意识的作用，就连爱因斯坦、爱迪生这样的天才人物，一生中也不过运用了他们全部心智的不到10%。

因此，如果你希望自己能够得到重用，如果你希望自己成为一个成功的人，如果你不甘于平庸，就一定要从内心决定做第一。这样在你的意识中你才会有信心做到完美，你的个性才会真正成熟起来。相反，不想做得更好，就会做得更差。如果你自甘沉沦，不追求卓越，懒得增强自己能力，那么，你是不会有所进步的。

一个人，无论做什么，有必胜的信念，他就成功了一半。如果你毫无自信，优柔寡断，不敢超越环境和自我，那么你的生活就会一直黯淡无光。越是巴望奇迹来挽救自己的人，越是不会创造奇迹，生活中美好的事物历来只和敢于正视现实、迎接挑战、信心满怀的人结伴同行。

当然，在人生路上，你不可避免地会遭遇困难和挫折，如果面对这些能够从容不迫，沉着冷静，那么在以后的人生道路上就没有什么可以阻止你的了。

无论任何时候，都要相信自己，大胆地做你害怕的事，现在就去做吧！为此，你需要记住以下两点：

1. 鼓励自己，给自己打气

任何时候，都要自己给自己打气，确信自己的看法。心中默念：我想我可以，我可以坚持下去。冲破一切艰难，不要让你的目标消失在你的信念里，一直打气，把眼前的事情一件一件地做好，那么，你就能一直以良好的状态实现目标。这其中的过程，一直需要有必胜的信念在引领着你前进。

2. 以积极的心态迎接挑战与困难

一个人如果拥有积极的昂扬向上的精神状态，即使身处逆境，也不会感到绝望，不会放弃，能够坦然面对困难，并积极寻找解决问题的办法。其实，人世中的许多事，只要想做，并坚信自己能成功，那么你就能做成。

总之，我们任何人都要知道，积极的思维和意识是对自己的高度肯定，是成功的基石，是一种发自内心的强烈信念。一个自信的人常看到事情的光明面，必能尊重自己的价值，同时也尊重他人的价值。因为自信是个人毅力的发挥，也是一种能力的表现，更是激发个人潜能的泉源。而自信来源于潜意识，如果你是个不自信、没有勇气的人，那么首先就要改变自己的内心，做到肯定自己，让自己成为一个屹立不倒的人。

在最黑暗的日子里怎样战胜恐惧

我们都知道，在人生道路上，困难和挫折是难免的，谁也不可能事事顺心，但是有一点我们一定要牢牢记住：将困难置于渺小的境地，你在心态上就战胜了困难。反过来，内心畏惧只会加大你克服挫折的难度。

诸多在人生的道路上开创一番事业的人，他们都深深体会到挫折、苦难对人生的历练。但成功不相信眼泪，也不需要眼泪和抱怨，而需要每个人付出汗水和坚韧。

事实上，战胜恐惧也是历练情商的范畴，任何一个高情商者都相信一点：如果在连续多次跌倒之后，一个人还能充满斗志不言放弃，那他就是一个值得敬佩的人，也是一个定会有所作为的人。

因此，我们也要记住一点，要像这些高效能人士一样毫不畏惧，就要有勇气直面困难、打倒困难，以顽强的意志战胜困难。

“要战胜别人，首先须战胜自己”，这是智者的座右铭。有时候，我们的敌人不是挫折，不是失败，而是我们自己，如果你认为你会失败，那你就已经失败了，说自己不行的人，爱给自己说丧气话，遇到困难和挫折时他们总是为自己寻找退却的借口，殊不知，这些话正是自己打败自己的最强有力的武器。一个人，只有把潜藏在身上的自信挖掘出来，时刻保持着强烈的自信心，才能真正战胜困难，成功者之所以成功，是因为他与别人共处逆境时，别人失去了信心，他却下决心实现自己的目标。

曾经有这样一个英俊的青年，他是一名军官，一次，他和其他的朋友在饭店的泳池边闲聊，其中几个朋友跳入水中，在水中嬉戏，看着善泳的朋友们在阳光下嬉戏，忽然有一种不舒服的感觉涌上心头。年轻的军官告诉他的朋友们，自己怕晒黑，所以不想游泳，朋友则故意激他：“不要因为怕水，你就永远不去游泳……”

阳光溅在他们水滑滑、光亮亮的肌肤上，他们像海豚一样骄傲地嬉戏着，而青年其实也不想躲在屋檐下，他也想去游泳，但是他真的害怕，他认为自己是个懦夫。

一个月后，朋友邀他到一个温泉度假中心，他鼓足勇气下水了。青年发现自己没自己想象中那么无能，但他不敢游到水深的地方。

“试试看，”朋友和蔼地对他说，“让自己没顶，看会不会沉下去！”

于是，青年试了一下。朋友说得没错，在人意识清明的状态下，想要沉下去、摸到池底还真的不可能。真是奇妙的体验！

“看，你根本淹不死。沉不下去，为什么要害怕呢？”

经过这次的游泳经历，青年再也不怕水了，虽然目前不算是游泳健将，但至少能自己下水，和朋友们比赛游泳了。

和故事中的青年一样，生活中的人们，当你遇到困难时，你也可以克服恐惧。“现实中的恐怖，远比不上想象中的恐怖那么可怕。”当你遇到困难时，理所当然，你会考虑到事情的难度所在，如此，你便会产生恐惧，会将原本的困难放大。但实际上，假如你能减少思考困难的时间，并着手解决手上的困难，你会发现，事情远比你想象中简单得多。那些成功的人士，都是靠勇敢面对多数人所畏惧的事物，才能出人头地的。美国著名拳击教练达马托曾经说过：“英雄和懦夫同样会感到畏惧，只是二者对畏惧的反应不同而已。”

欠缺自信的人，将终日和恐怖结伴为邻。而越是被恐怖的乌云所笼罩，自我肯定的机会也就越是渺茫。美国总统罗斯福曾说过一句名言：“我们唯一值得恐惧的就是恐惧本身，那会让我们莫名其妙地胆怯，会让我们为前进所付出的努力付诸东流。”

人们恐惧的表现之一通常是躲避，而试图逃避只会使得这种恐惧加倍。任何人只要去做他所恐惧的事，并持续地做下去，直到有获得成功的纪录做后盾，他便能克服恐惧。既然困难不能凭空消失，那就勇敢去克服吧！

要克服困难带给你的恐惧，你一定要有自信。马克思说：“自暴自弃，这是一条永远腐蚀和啃噬心灵的毒蛇，它吸走心灵的新鲜血液，并在其中注入厌世和绝望的毒汁。”自信心的确具有无可比拟的重要作用，许多人之所以失败，不是因为失败打败了他们，而是他们自己打败了自己，失败后的自卑心使得他们不敢争取，他们让自己陷入了自卑的情绪之中。这正如莎士比亚所说：“假使我们自己将自己比作泥土，那就真要成为别人践踏的东西了。”如果你认为你会失败，那你就已经失败了。

总之，坚强的人，即使再多的失败和挫折也阻挡不了他前进的脚步。我们所谓的困难并没有那么可怕，我们之所以不敢勇敢跨出一步，是因为我们内心的恐惧在作怪。恐惧将困难放大，就会压倒我们自己；而如果我们勇敢一点，打倒恐惧，我们会发现，原来，所谓的困难只不过是只纸老虎。

将“放弃”的思想从脑海中剔除

生活中，我们经常听到有些人说“点头微笑，低头数钞票”“和气生财”“家和万事兴”之类的经验真谛，这些都充分说明了一个道理：因果联系，只有时时保持一种积极的人生态度才有获取成功的希望。因为任何人的一生，都需要他自己用心来描绘，无论自己处于多么严酷的境遇之中，心头都不应为悲观的思想所萦绕，更不能有放弃的思想，应该让自己的心灵变得通达乐观。罗根·史密斯说过这样一段话，言简意赅，他说：“人生应该有两个目标，第一是，得到自己所想的东西；第二是，充分享受它。只有智者才能做到第二步。”

可见，当人生的不幸来临时，积极的心态是一个人战胜一切艰难困苦，走向成功的推进器。积极的心态，能够激发我们自身的所有聪明才智；而消极的心态，就像蛛网缠住昆虫的翅膀、脚足一样，会束缚人们才华的光辉。

积极的心态使人看到希望，令人保持进取的旺盛斗志；消极心态使人沮丧、失望，限制和扼杀自己的潜能。积极的心态创造人生；消极的心态消耗人生。积极的心态是成功的起点；消极的心态是失败的源泉。选择了积极的心态，就等于选择了成功的希望；选择了消极的心态，就注定要走入失败的沼泽。如果你想成功，想把美梦变成现实，就必须摒弃这种扼杀你的潜能、摧毁你希望的消极心态。

雨后，一只蜘蛛艰难地向墙上已经支离破碎的网爬去，由于墙壁潮湿，它爬到一定的高度，就会掉下来，它一次次地向上爬，一次次地又掉下来……第一个人看到了，他叹了一口气，自言自语："我的一生不正如这只蜘蛛吗？忙忙碌碌而无所得。"于是，他日渐消沉。第二个人看到了，他说：这只蜘蛛真愚蠢，为什么不从旁边干燥的地方绕一下爬上去？我以后可不能像它那样愚蠢。于是，他变得聪明起来。第三个人看到了，他立刻被蜘蛛屡败屡战的精神感动了。于是，他变得坚强起来。

的确，对待同一样事物，几个人的看法不同是很正常的事。就像人也有两面性一样，问题在于我们自己怎样去审视，怎样去选择。面对太阳，你眼前是一片光明；背对太阳，你看到的是自己的阴影。

成功和失败之间的区别在于心态的差异：成功者着意于积极的一面，失败者总是沉迷消极的一面。心态是个人的选择，有成功心态者处处都能发觉成功的力量。一个人有了积极的心态，成功就变得容易了。

积极是你人生中最重要的力量！每个人的人生难免会遭遇困境和危机。所以，必须有充足的心灵资源支撑你度过最恶劣的黑暗时期。高情商的人始终会保持内心积极的力量，从始至终，永不放弃！

在《福布斯》杂志2000年度公布的中国内地50位拥有巨额财产的企业家的名单中，年轻的阎俊杰、张璨夫妇因拥有1.2亿美元的财富而名列第23位。另据《粤港信息日报》报道，张璨名列由有关部门策划并组织评选的“当今中国最具影响力的十大富豪”之一，是十大富豪中唯一的也是最年轻的女性，在这份资料中，张璨的个人资产超过了25亿元。

张璨是北大金融系的学生，可在她读大三的时候，被注销学籍，勒令退学。原因是有人举报，3年前她第一次高考时曾考上东北某大学没有就读，她第2年又考上北大。按当时规定，有学不上的考生必须停考1年。退学事件对张璨造成巨大打击。她只有到处打工。后来，张璨和丈夫正式下海，开始创业的时候，几乎是一穷二白。那时候他们自己组装电脑，经常熬到下半夜两三点。张璨和丈夫挣到的第一笔大钱，是从沈阳一家废品仓库里挣的。1987年初，他们赚了5万元，这在当时可是一笔了不起的大钱。依靠这点积蓄，他们开始和别人一起办公司。1988年，由于和公司董事会之间出现矛盾，张璨和丈夫一起退出了公司，开始了第二次白手起家。这期间他们作了很多的尝试。1992年，张璨和丈夫重新回到电脑行业，注册了现在的达因公司。张璨夫妇成立达因公司不久，就从一个基金会借到300万元人民币。由于张璨的聪明、机敏而又踏实苦干的风格，她的公司后来被美国康柏公司看上，成了康柏在中国市场的总代理。

在张璨毕业的时候，有同学给她的赠言便是这样一句意味深长的话：与众不同的经历，造就与众不同的道路。的确，一个成功的人，必当是在挫折与逆境中摸打滚爬出来的，人生在世，难免会有挫折发生。

我们坚信逆境对我们的帮助要胜过顺境，但这不代表我们喜欢生活在困境之中，而是因为这是一项永恒的、放之四海皆准的客观事实。没有一个人的一生是平坦的康庄大道，真正的顺境只存在于“乌托邦”的理想之国中。那么逆境到来之时，我们应该怎么面对？

当逆境到来之时，你可以选择两种截然不同的态度，消极被动地害怕和逃避，或者积极主动地面对和接受。若心存消极态度，那么，你将被局面控制，而积极主动，则能反过来控制局面。如果你希望能够通过自己的努力使自己的能量一点点变得强大，同时让自己变得更完美，就必须选择积极主动的态度，如此，逆境的“浮云”自然会被你驱赶出心灵的天空。

说到底，决定人心态的是人的理想、人生观、世界观。一个大气的人就会具有远大的目标、正确的人生观，我们要胸怀宽广，执着进取；挑战自我，不屈命运；坚信自己，积极思考。这样，我们一定能保持良好的心态，即使生活给予我们挫折，我们也要怀着理解的心态给它一个微笑！

抱怨正在消灭你内心的烛火

工作中，我们常常听到身边的人抱怨道：“哎！工作太累，天天都有做不完的活，连喘口气的机会都没有！”“看看我们公司的那伙人，那是什么素质，简直没法说！”……抱怨就像瘟疫一样在我们周围蔓延，愈演愈烈。在他们看来，他们似乎从没有遇到顺心的事，无论何时，你都能听到他们抱怨的声音，因为抱怨，他们不仅把自己搞得很烦躁，还无形中耽误了手头的事。

其实无论是工作还是做其他事，一旦抱怨产生，我们对事情就有对抗心理，进而消灭我们内心的热情，产生拖延心理，而拖延也会加重事情的难度，让我们再度陷入糟糕的情绪中，于是，习惯性拖延症就逐渐形成了。我们发现，无论是正在学习的学生，还是在做事的员工，只要他们一开始抱怨，他们的效率就会下降很多。而实际上，抱怨对于事情的解决毫无益处，它只会让我们在忙碌中兜圈子，相反，如果我们能心平气和地正视问题，理清自己的思绪，那么，找到解决问题的方法的概率便会大大增加。

小李高考落榜后，就开始在一家汽车修理厂工作，从他开始工作的第一天起，他就对自己的工作充满了不满，他开始抱怨：“修理这活太脏了，瞧瞧我身上弄得！”“真累呀，我简直要讨厌死这份工作了！”“要不是考试中出了点失误，我现在都是名牌大学的学生了。做修理这活太丢人了！”

每天，小李都在煎熬和痛苦中过日子，但他又害怕失去手上这份工作，于是，只要师父不在，他就耍滑偷懒，应付手中的工作。

几年过去了，与小李一同进厂的三个工友，各自凭着自己的手艺，或另谋高就，或被公司送进大学进修了，独有小李，仍旧在抱怨声中，做他蔑视的修理工。

可见，无论我们做什么事，要想取得成绩，就必须要拿出全部的热情，如果你也像小李那样鄙视、厌恶自己的工作，对它投注“冷淡”的目光，那么，即使你正从事最不平凡的工作，你也不会有所成就。

为什么抱怨的人会说生活这么累，因为他只看了自己的付出，而没有看到自己的所得；而不抱怨的人即使真的很累，也不会埋怨生活，因为他知道，失与得总是同在的，一想到自己所得，他就会感到高兴。的确，抱怨只会让我们浪费掉大把的时间，因为它会破坏我们原本积极的潜意识。你可能有过这样的体会，只要我们的头脑中有一丝抱怨的意识，那么，我们手中的工作就会不由自主地慢起来，然后为自己鸣不平、讨公道、甚至是抱怨老天不公，在这种坏心情的影响下，不仅我们的工作和生活都受到了影响，我们的心态也会改变，而真正的勇者，他们从不抱怨，他们总是能淡定、冷静地看待世界，审视自己，最终成就自己。

其实，没有一种生活是完美的，也没有一种真正让人满意的生活，如果我们能做到不抱怨，而是以一种积极的心态去努力进取，做到珍惜时间的话，那么，我们收获的将会更多，而我们一旦养成抱怨的习惯，那就像搬起石头砸自己的脚，于人无益，于己不利，于事无补，生活就成了牢笼一般，处处不顺时时不满。所以，每个人都应该认识到：自由地生活着，其实本身就是最大的幸福，哪有那么多抱怨呢？

一个女孩，她的工作压力很大，生活中的烦恼也很多，于是，她向自己的父亲抱怨，抱怨为什么自己那么累，她的父亲并没有直接开导她，而是先将她带到了厨房。

父亲先烧开了三锅水，然后在第一个锅放些胡萝卜，第二只锅里放一只鸡蛋，最后一只锅里放入碾成粉末状的咖啡豆，然后继续烧水，一言不发。

时间又过去了20分钟，父亲关了火，然后分别拿出三个碗，将锅里的胡萝卜、鸡蛋和咖啡豆从锅里捞出来，放到不同的碗里。

做完这些后，他才转过身问女儿，“孩子，你看见什么了？”

女孩回答：“胡萝卜、鸡蛋、咖啡呀。”

“你先摸一下胡萝卜。”女孩照做了，她发现胡萝卜变软了。

“你再把鸡蛋剥开。”将壳剥掉后，女孩看到是只煮熟的鸡蛋。

最后，父亲让女孩尝了下咖啡，品尝到香浓的咖啡，女儿笑了。她疑惑地问道：“父亲，这意味着什么？”

父亲解释说：“其实刚才，这三样东西都面临着同样的逆境——煮沸的开水，但它们有不同的反应，胡萝卜从开始的强硬到软；鸡蛋原本是易碎的，蛋壳虽然起到保护作用，却经不住摔打；最特别的是咖啡，被倒入沸水中后，它却能改变水。”

接下来，父亲说：“这和生活中的我们何尝不是一样呢？那么女儿，你的选择呢？你是胡萝卜，是鸡蛋，还是咖啡豆？”

听完父亲的话，女儿若有所思。

从这个故事中，你也应该受到启示。诚然，当下的你每天都会遇到一些让你烦心的事：这个月业绩不好被老板责怪，某次行业比赛中因为你的疏忽而影响整个团队的成绩，对此，你肯定很懊恼，但懊恼又有何用？不停地抱怨，不断地自责，你只会将自己的心境弄得越来越糟。

因此，无论你的情况如何，都不要抱怨，不要抱怨你的家境不好，不要抱怨你的工作太忙，不要抱怨你的爱人不够贴心……生活是你的朋友，不是你的敌人。生活总是有那么多的不尽人意，就算生活给你的是垃圾，你同样能把垃圾踩在脚底下，登上世界巅峰。

事实上，没有一种令人十分满足的生活、工作模式，有不满意就容易产生抱怨，如果我们动不动就抱怨，而不是以一种积极的心态去解决问题，那么，这就等于拿石头砸自己的脚，于人于己于事都无益。

参考文献

[1]菲尔图.你不是迷茫，而是自制力不强[M].北京：化学工业出版社，2017.

[2]李锦清.自制力：不做性格的奴隶[M].北京：中国华侨出版社，2013.

[3]林均伟.自制力：根治拖延瞎忙没时间[M].北京：北京时代华文书局，2014.

[4]高原.自制力[M].南京：江苏文艺出版社，2013.